JN251407

農業カンブリア革命

The Cambrian Revolution of Japanese Agriculture

齋藤章一 *Saito Shoichi*

まつやま書房

はじめに

農業は食料の供給だけでなく景観、教育、健康・癒し等様々な潜在可能性を秘めた産業である。特に21世紀においては、世界的な人口増加等により農業は成長産業として期待が高まっている一方で、地球温暖化や生物多様性等の環境問題、貿易自由化の加速、貧富の格差拡大等の社会経済問題等の深刻化、地球をいたわる人々の増加に見られる人々の意識の変化等農業を取り巻く情勢は著しく変化している。

このような情勢変化に対応するため、各方面において様々な取組みがなされてきているが、特に最近農業の持つ様々な可能性に注目が集まっており、現に国内だけでなく、世界的に多様な新しい形の農業が展開する状況となってきている。

まさに21世紀は新しい形の農業が全国各地で多様な形で作られ、それぞれの地域の特色を活かした持続的な展開が期待される「新農形革命」の始まりであると考えられる。また、地球上の生物進化のアナロジーから考えると、多様な形の生物が爆発的に現れ、その後の生物進化のエポックとなったカンブリア紀の様相を彷彿とさせ、農業の長い歴史の中でも決して見られなかった極めて稀な多様な農業の形の出現は農業の「カンブリア革命」と呼べるかもしれない。

農業の新しい形を考える場合、まず時空を超えて持つ農業の自然の力を最大限に引き出すという本質的価値あるいは役割に注目する必要があり、これには特に知の総合化が必須であり、農業が「知的創造型産業」と言われるゆえんである。次に注目すべきは「流行」、即ち時代の変化やそれぞれの場の中で、この自然の力をいかに活用するかである。この両面から新しい農業の形について考察する必要がある。

農業は本来的に自然の中で営まれる産業で、生産が気候風土等に左右されるだけでなく、最近特に物流の効率化、消費者ニーズへの対応等が求められ、さらに慣行農業の問題を克服して、持続的な農業への発展が強く求められる状況となっている。

そもそも農業は、自然という変化する複雑系の中で営まれるという性格上、幅広い自然科学の知見が必要とされているが、さらに都市化、国際化等の社会経済の発展に伴い、必要とされる学問分野は経済学、社会学、心理学等限りなく広がっている。また、自然科学の発展を支えてきた還元主義は「木を見て森を見ず」と指摘されるように、その限界が広く認識される状況となっており、特に「いのち」の産業である農業については、還元主義を超えた知の総合化による新たな知のインフラの構築が必要となっている。まさにこれが新しい農業の形の創造のドライビングフォースとなっている。

また、農業については、都市化に伴い、その生産物が農村から都市住民に供給されるという大きな流れが作られてきており、しかも都市住民は個々の商品の選択という領域を超えて、いかに全体としての生活の向上を図るかということに強い関心を持つ状況となっている。今や農業はいわば個々の農産物の流れ、いわば「川」でなく生活という「海」への対応を求められている。

さらに、農業が営まれる場としての「農山村」は過疎化、高齢化、後継者不足等の厳しい状況が続いている中で、最近若い人たちが農山村に向かい始めるなど新しい風が吹き始めている。また、

農業の生産の場である農山村においては、農業以外の活動が広く行われる状況となっており、個々の活動を「川」に例えると、今や農業は様々な川が注いでできた「湖」の中で営まれる状況となっている。

さらに、「湖」と「海」をつなぐ「道」としての「流通」も大きく変化し、「物」の流れだけでなく、「人」や「情報」の流れも大きくなっており、しかもこれらを実現するためのICT等の「ツール」も大きく発展してきている。

このような中で新しい農業の形が作られている状況を考えると、新しい農業の形についてのより深い理解と、今後のさらに一層の発展のためには「農業」だけでなく、「農山村」や「新しい流通」の視点を加えた360度からの分析が必要となってきている。

以上のように、農業には限りない潜在可能性があることを考慮すれば、現在の新しい農業の形の創造の動きを加速して、さらにこれを地域の特色を活かし、全体的に調和のとれた持続的な発展につなげていくことを考えていくことが重要になってきている。このため新しい農業の形の創造の現状、課題、将来方向等について検討を行い、農業を核とする持続性ある個性的な新たな地域の発展を目指すのが本書の狙いである。

「新しい農業の形の創造の基本的な考え方―鶴と亀が織りなすドラマ」

新しい農業の形を創るためには「農業」、「農山村」、「新しい流通」の３つの視点からの現状把握と、これらを可能な限り一体化した事業展開が必要である。すなわち縦糸に横糸を通すことにより、相乗効果が発揮される。これは「鶴と亀が織りなすドラマ」に例えられよう。

農山村では大地にしっかりと根を下ろした農業により、人の命を支える生活の基礎物資である「食料」が生産され、都会へと運ばれる。また、自然と共生して農業が営まれる農山村は、都会とは全く異なる魅力的な空間であり、人の移動を引き起こし、同時に情報の流れを創る。都市化、グローバル化等が進む中で、消費者ニーズの変化、ICTの発展等によって絶えず移動する「鶴」の動きは複雑化・活発化・長距離化し、これはまた大地に寄り添い共に生きる「亀」の動きに影響を与え、「鶴と亀の織りなすドラマ」は限りなく多様でドラマチックになっていく。まさに「新しい農業の形の創造のドラマ」そのものである。さあ、この命輝く美しいドラマをつぶさに観察し、課題を発見し、さらなるドラマの創造にチャレンジしてみませんか？

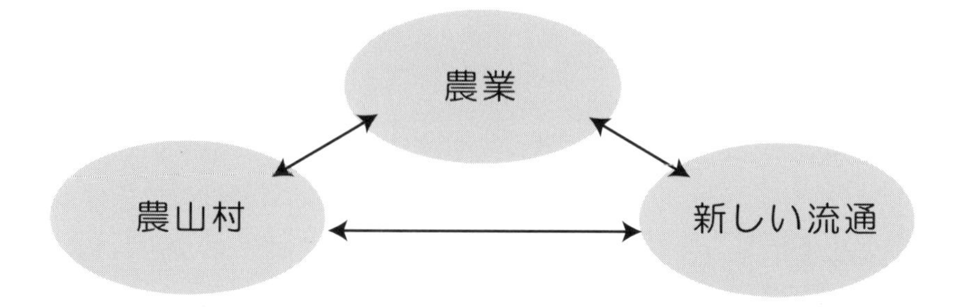

○農業の視点―規模拡大、技術革新等により生産性の高い農業の確立、集落営農によるコスト削減、高品質の農産物を持続的に生産する栽培技術等の確立、農産物直売所やレストラン等との連携による多様な農産物の生産、オーガニック等による安心・安全な農産物等の生産、環境にやさしい農業の確立等

○農山村の視点―都市と農山漁村の交流等による外貨の流入等の経済効果、子どもの農業体験等は子どもとふれあう高齢者を元気にして笑顔あふれるコミュニティを再生、地産地消で地元需要の掘

り起しと交流促進、地域通貨等による地域経済の拡大、各分野、事業等の連携等により、相乗効果をもたらすコミュニティビジネスの展開、二酸化炭素吸収効果の増大、再生エネルギーの利用促進等による地球温暖化防止、生物多様性の維持、インバウンド、地域特産物などの地域ブランド化、地理的表示等による地域振興、里山資本主義のアプローチからの地域活性化、鳥獣被害の防止等

○新たな流通の視点―新たな販路の開拓、販売量の増加、新商品開発、付加価値向上、輸出、農産物直売所、マルシェ、インターネット等の新たな販売場所やツール等の活用、地産地消の流通システムの再構築、地域通貨やクラウドファンデングによる新たなマネーフローの創造、機能性表示食品制度等

目次

第1章

「農業カンブリア革命」概観

最近農業をめぐる情勢は
著しく変化する中で、
生物進化のエポックとなった
カンブリア紀の大爆発を
ほうふつとさせるように
全国各地で「新しい農業の形」が
次々と創り出される状況が
生まれている。
その現状を分析し、
何がドライビングフォース（推進力）と
なっているかを考察する。

1　農業を取り巻く情勢の変化

（1）時代の潮流の変化

ア　知的インフラの転換

江戸時代は、人口増加で同じ土地を連続して利用せざるを得なくなり、農学が飛躍的に進歩した。太陰太陽暦、いわゆる「旧暦」、東洋哲学としての陰陽五行説を基本とする我が国の農業の経験値の結晶である宮崎安貞の『農業全書』はその代表であり、その後の日本農業の知的インフラとなったものである。そして『会津農書』に見られるように農業の「知のインフラ」は優れて属地的なものである。いずれにしても我が国の長い時間の中で構築された「知のインフラ」は素晴らしいもので、生産性は低かったものの「持続性」と「ミネラル循環」においては極めて優れたものであった。

日本の近代化は農業にも大きな変革をもたらした。還元主義に支えられた「慣行農業」の導入である。「慣行農業」は飛躍的な生産性の向上をもたらしたが、一方で農業の持続性等に問題を残した。今まさに、還元主義を超えたホーリズムの視点に立った農業実践の経験値等の積み重ねによる新たな農業の「知のインフラ」の構築が求められ、そのポイントは「持続性」と「ミネラル循環」である。

これを実現するためにICT等の技術により、土壌成分等の詳細かつ正確な計測、それに基づく栽培、その成果としての生産物の栄養成分、特に生理活性の機能性成分の確保等の実践を積み重ねることによる、新たな栽培技術の構築が必要である。

当然のことながらその基本は「土づくり」であるが、例えば米とトウモロコシでは持続的な栽培のための土づくりが異なるように、土づくりは作物ごとに異なる。このことは農業生産におけるそれぞれの地域の取組みの重要性を示唆している。

また、地球温暖化が深刻化し異常気象が多発している現状では、GPSによる地域毎のリアルタイムの気象情報等を活用した栽培技術の確立が不可欠である。さらに、都市化、国際化等が進展した状況下では、生産にとどまらず、物流、販売等の合理化、消費者ニーズとのマッチング等の知のインフラの構築が必要である。特に、消費者との最終的なインターフェイスである料理は、農業の付加価値向上に大きく影響することから、農業を元気にするための「新たな食文化」の構築は「土づくり」と並ぶ重要課題であり、両者が戦略的に直結した時「新しい農業の形」を創る大きな力となる。

また、農業にとっての知の基本は教室で教える「形式知」でなく、フィールドで五感を通しての経験により、知恵を積み重ねていく「暗黙知」であり、新たなOJTの研修の場づくりとその知の継承をどのように行っていくかが今後の重要な課題である。

イ　グローバリゼーションからローカリゼーションへ

ファストフードのグローバル化は、その反作用として地域の食文化、小農等を守ろうとする大きな動きとなり、スローフードの世界的な流れが生まれ、グローバリゼーションとローカリゼーションが世界的にせめぎあう状況が生まれてきている。2007年には「locavore」という新語も作られてきている。また、我が国でも医食同源（薬食同源）、ふるさと意識の高まり、フードマイレージ等を背景に地産地消が全国的な大きな流れとなり、農産物直売所、農家レストラン、農家民宿等が増加してきている。

朝食を食べないなど子どもたちの食の乱れ、さらに生活習慣病、農業の現場を知らない、食事のマナーを知らない子どもたちの増加等から食育が重要な課題となってきた。フランスは教育ファームで大きな成果を挙げており、我が国でも注目されてきている。

ウ　都市と農村の交流の高まり

平城京の建設以来の都鄙意識（司馬遼太郎）により「暗くて貧しい田舎」から「明るく華やかで豊かな都会」に向かう民族大移動は、30年前頃から「都会から田舎への逆流」（ポロロッカ）に変わり、時代は大転換を始めた。この背景には都市化がもたらした、環境の悪化、無縁社会における心の空洞化、ストレスの多い仕事や自然の少ない都市生活等があり、このような時代の潮流の変化はリーマン・ショック（2008年）、東日本大震災（2011年）等によりさらに加速してきている。

エ　技術革新

（1）機械化、ビニールハウス、化学肥料、農薬等から温度、湿度、日射等の管理を適時に的確に行うICT利用へ、さらにGPSを活用して肥料の施肥量の管理等を行い、肥料を減らしながら生産量を増やす、また地域ごとの気象情報を提供する必要がある。

（2）バイオテクノロジー、特に遺伝子組み換えは生産性の向上、農薬の使用量の削減、ビタミンAなどの栄養付加された米などの農作物の開発などの利点があるが、消費者の不安が強く、これをどのように解決していくかが大きな課題である。

（3）氷温、CAS冷凍などの温度管理、情報管理と一体化した効率的物流、さらにビッグデータの活用による個人ごとのニーズに沿った流通が重要である。

オ　地球温暖化

２度にわたる石油ショック、そして1980年初頭のガイア仮説によって、人類は地球の限界を知ることとなるが、この頃から地球温暖化が深刻化してきており、今後の農業に大きな影響な影響を与えるものと考えられる。

（1）農業地図が塗り替えられ、農業投資が行われていない地域が農業適地になり、新たな投資が必要になってくると思われる。
（2）森林の二酸化炭素吸収効果等農山村の役割に対する関心が世界的に高まってきている。
（3）地球を気遣う人たちは、健康や環境にやさしい新たなライフスタイル「LOHAS」を実践することにより、オーガニック、地産地消等を推進する大きな力となってきている。

以上のような農業を取り巻く大きな枠組みの変化に加えて、農業等をめぐる情勢は広い範囲で複雑かつ急速に変化している中で、このような情勢変化についてさらに詳細な分析が必要である。

（2）最近の農業等をめぐる急速で複雑で広範囲にわたる変化

ア　農業を巡る変化

農業は都市化、国際化等の時代の大きな流れの変化の中で、自給率の低下、農業就業人口の減少、高齢化、後継者不足、所得の低下等極めて厳しい状況にあるが、世界的な人口爆発、地球温暖化の深刻化等の中で成長産業として期待が高まっており、さらに農業の計り知れない潜在可能性が注目され、特に最近、全国各地で多様な農業の展開の兆しがでてきている。

A=f（x, y, z）
A－農業の変化、x－都市化、y－国際化、z－地域内部の変化

x－農業就業人口の減少、兼業農家の増加、農業所得の減少、農用地の減少、後継者不足、環境悪化等
y－農産物輸入の増加等による自給率の低下、農産物価格の低下、食の安全・安心への関心の高まり、食生活の洋風化、人口爆発、膨大な食べ残し、地球温暖化、ミツバチの大量死、地球規模での異常な気候変動等
z－過疎化、高齢化、後継者不足、農用地の減少、遊休農地の増加、地力の低下、連作障害の増加、共同体の弱体化による農地の荒廃や農業用施設の維持管理の困難化、食育・地産地消の機運の高まり、地域の食文化への関心の高まり、企業の農業参入の増加等

イ　農山村を巡る変化

農山村の現状は、過疎化、少子高齢化、後継者不足等極めて厳しい状況となっている。

しかし、最近農山村に若者が向かうなど新しい風が吹き始めている。この新しい潮流の変化はリーマン・ショック（2008 年）、東日本大震災（2011 年）等により加速化している。また、「マネー資本主義」から「里山資本主義」への転換を志向する若者が増加するなどの新たなトレンドも生まれてきている。

V=f（x, y, z）

V＝農山村の変化、x＝国際化、y＝都市化、z＝地域内部の変化
x－グローバル化による林業の衰退、過疎化、高齢化、後継者不足、地

球温暖化等による農山村の重要性の高まり等

y —都市の魅力、雇用機会の減少等による都市への人口流出による過疎化、高齢化、後継者不足、やすらぎを求める都市住民の増加等

z —コミュニティ崩壊の危機（限界集落の増加、将来消滅危機の地域の増加（増田レポート）、祭り実行困難、棚田の維持困難、買い物難民の増加、地域文化の消滅の危機、公共事業の減少、里山資本主義、高まる農山村の魅力（外国人にも）、失われつつある生物多様性、林業ガールの増加、温泉ブーム、着地型旅行、体験観光、多様な交流、廃校活用、農家民宿、在住外国人による黒船効果、地域ブランド、地理的表示等

イー1　若者が農山村に向かい始めた理由

ア　1980 年代に農山村は急速に変貌し、農山村を守ろうとする逆バネが働き始めた。

イ　都会においては自然の喪失、大気汚染など環境悪化が進んだ。

ウ　２度にわたる石油ショック等により経済成長が低下し、都会での雇用、生活等に陰りが生じてきた。

エ　ストレスの多い都会生活の中で、緑、心のやすらぎやふれあいを求める人たちが増加。

イ—2　田舎の本来的価値について関心が高まってきた

(1) 自然と共生して発展してきた農林水産業

(2) 農林水産業を中心にして形成されてきた長い歴史と文化

(3) 水、土、緑等の多様な地域資源（非移動性、固有性、持続性）

(4) マイナスイオン、フィトンチッド、人に心地よい１/f のゆらぎなど都会では得にくい健康効果をもたらす物質や機能

(5) 有縁社会（村落共同体）

イ―3　都会とは異次元の「田舎」が若者を魅了している

（1）時間―ゆったりと流れる時間、円環的な時間の流れ（都市は矢のように流れる時間）、分断されない時間、アナログの時間、都市は数値化された規則的デジタルの時間、自然の中を流れる時間

（2）空間―朝日と夕日が見える空間、360°のパノラマ（菜の花や月は東に日は西に（蕪村））、変化する空間（春夏秋冬、花鳥風月）、野のススキのように風が見える空間、闇のある空間（星座・ホタル）、様々な色彩のある空間、生物多様性が創る景観（コウノトリ）、変わらぬ自然と変化する自然、そして風に舞う花びらのように一瞬の輝きの自然

（3）自然が作る究極の栄養バランス食

（4）有縁社会ならではの「エキサイティング」な祭り

（5）驚くべき農山村の自然等の健康増進機能（静けさ、ふれあい、フィトンチッド、マイナスイオン、1/fのゆらぎ等）

イ―4　世界的な潮流の変化

いち早く田舎志向へと転換した欧米の影響が浸透し始め、新しい欧米の「ライフスタイル」へのキャッチアップが始まった―LOHAS（**L**ifestyles **O**f **H**ealth **A**nd **S**ustainability）

イ―5　都市と農山漁村の交流による地域活性化の期待の高まり

都市と農山漁村の交流の高まりは、新たな農業の形を創るエンジンの役割を果たすことが期待される。この時代の流れの大きな変化を地域全体の活性化につなげていくためには、都市住民の田舎に対する魅力を如何に高めていくか、つまり「求心力」をいかに大きくしていく

かということ、そしてこの交流により、様々な人たちの知恵を結集して地域の潜在可能性、特に農業の潜在可能性を如何に引き出していくか、つまり「遠心力」を強化し、様々な可能性の具現化を図っていくことが重要である。

（1）求心力—田舎の魅力をどのように大きくして交流を盛んにするのか—「ハニーポット」を大きくする方法の検討
「おもてなし」は大きな求心力になる—田舎の「おもてなし」は都会とどう違うか
（2）遠心力—交流により農業の潜在可能性を最大限に引き出し、地域の全体の活性化にどのようにつなげていくか

ウ　新たな流通の創造

グローバリゼーションの進展により、地域の地産地消の小さな経済を支える流通システムが壊れ、広域的な複雑な流通システムが形成されてきている一方、最近ローカリゼーションの動きも強まってきている。また市場外流通が拡大、多様化する中で農産物直売所、ネットショッピングなど新たな販路や流通ツールも生まれ、さらに消費者ニーズの変化等に伴い、売り方革命、買い方革命等も促進されるなど、食の流通はますます複雑化してきている。このような変化の中で都会の人々のLOHASなどの新たなライフスタイル、ふるさと志向等の高まりもあり、新たな流通の活用により農業の新しい形を創り、地域全体の活性化を図るチャンスも生まれてきている。

特に最近のトレンドとして注目すべきは、生産より流通過程での変化、少量単位での販売、調理簡便（ready to cook）、食べやすさ（ready to eat）等に工夫を凝らした加工品、包装、容器のデザイン、ファッション性に優れた包装、容器等、消費者の興味をそそるネーミング、ロゴ、

キャッチコピー、地球に優しいことをアピールする売り方等により、付加価値が高まる傾向が強くなっていることに注目する必要がある。

D=f（g, n, l）

D＝流通の変化、g＝グローバルの変化、n＝ナショナルベースの変化、l＝ローカルの変化

g―農産物等の輸入の増加による新たな広域的な流通システムの構築、海外の食文化の流入定着、和食が世界無形文化遺産に登録（2014年）、輸出の増加（りんご、緑茶、長いも、しょう油、みそ、日本酒等）等

n―スーパー、コンビニ等の増加、シャッター商店街の増加、高速交通網等の整備による物流の広域化、コールドチェーンの構築、ネットショッピング、テレビショッピング、通信販売、マルシェ、アンテナショップ、ショッピングモールの全国展開、消費者ニーズの変化、中食、食の安心・安全、移動中の食、高齢化社会への対応、都市におけるLOHASのトレンドの高まり、機能性表示食品制度、食品ロスの削減等

l―農産物直売所、道の駅、食育、地産地消、朝市、移動販売も行うスーパー、LOHAS, 生産者とシェフ等多様な連携、駅弁 , ふるさと納税、農家レストラン、縁側カフェ、ニューツーリズム、七つ星、観光農園、キャッチコピー、ネーミング、パッケージなどの進化等

ウ―1　地産地消はグローバルトレンド

「locavore」（Oxford American Dictionary 2007年版の新語）も作られてきている。また、食の安心・安全、地域ブランド、「フレッシュ」、「デリシャス」、「ヘルシー」等への関心が高まってきている。

ウ—2　世界の食文化の融合の時代の到来

21 世紀は世界各国の文化を相互に理解しあい、取り入れていく時代、つまり「フュージョン（融合）」が大きな流れになっていくものと考えられる。そのためには特に日本だけでなく、世界の食文化の「データベース」の構築が必要。

ウ—3　地域の農産物の付加価値向上のための方策

農産物の付加価値を高めていくためには、消費者が求める安全・安心で栄養豊富でおいしいなど、高品質の農産物を生産することが基本であるが、この価値を的確に消費者に伝えられないと価値の実現につながらない。そのためには当該農産物のテキスト化が必要である。

（1）価値の創造→価値の伝達→価値の実現
（2）農産物等の価値をどう伝えるか—テキスト化（品種、栽培方法、歴史や由来、栄養成分、料理法等）

2　農業は成長産業

—農業をめぐる情勢が「向かい風（headwind）」から
「追い風（tailwind）」に変化

世界的に経済が成熟化し、需要の減少等により今後の成長が厳しくなっている産業が多い中で、農業は世界的な人口増加等による需要の増加、地球温暖化による気候変動の激化等に伴い、食料の供給の増加が厳しくなる等の情勢変化により、今後農業が成長産業として発展する可能性が大きくなってきている。我が国は少子高齢化により食料の需要の減少が続くと予測されているが、食料の多くを輸入に依存し、食料自給率が極めて低い我が国の農業は、グローバルの情勢変化を注視しつつ対応していく必要がこれまで以上に高まってきていると考えられる。

（1）世界的な人口増加等の中で、水不足等による供給制約等が懸念されており、将来展望として長期にわたって食料需要が供給を上回ると予測されている。
（2）計り知れない農業の潜在可能性（食料の供給＋α）が現実化しつつある。
（3）LOHAS が教えてくれる地球を救う可能性を秘めた農業の重要性についての認識が高まってきている。
（4）技術革新等により、新しい農業の形の創造が世界的に盛んになってきている。
（5）食の安心・安全に対する不安から農業に関心を持ち、農業を支援する消費者が増加している。
（6）農業ビジネスの成功例が増えてきている。

そして、3つのフォローの風により、農業の新たな発展のチャンスが到来してきている。

（1）生産コスト削減による所得増

（2）付加価値向上による所得増

（3）農業の潜在可能性を引き出すことによる所得増

3　農業の潜在可能性についての考察

農業は最近特に成長産業として期待が高まっているだけでなく、それに加えて農業の無限とも言える潜在可能性についての認識が広がっている。そこで農業の潜在可能性について360度からの考察が必要である。

ア　「百姓」という言葉が教えてくれる農業の潜在可能性

農業は仕事と生活が一体的に営まれて来たという歴史的経緯がある。「百姓」という言葉も古くは民衆一般を意味する言葉として使われていたが、江戸時代頃から農民を意味する言葉に変化してきたと言われる。これは農民が農業だけでなく、まさに「百の顔（芸）」というように様々な地域資源を活用して、自分自身だけでなく地域全体の存続を可能にする衣食住全体に関わる多様な生業等を営んできたという歴史的事実に基づくものであり、農業の潜在可能性の大きさを具体的に示している。

イ　垂直型

生産だけでなく加工、さらに販売まで行うことであり、最近よく言われるようになった「6次産業化」である。これは農業によって生み出された農産物としての価値に、さらに足し算の如くいかに付加価値を付けるかということである。経済の基本は効率的な分業化で言わば「駅伝型」、これに対して垂直型は「マラソン型」と言える。地域の強みの「手づくり」かつ「地産地消」を活かすとすれば、等身大の「1,5産業」や「2,5次産業」により、それぞれの地域の魅力をアピールしていく必要がある。広域流通には食品衛生、販路の確保等様々な課題があり、地域ではむしろ「小さな流通」の良さを活かしていくことに実効性があると考えられる。また、付加価値向上のためには「B to B」よりも「B to C」が望ましいが、反面リスクも大きくなる。

ウ　水平型

農業の主たる目的は食料の生産であるが、農業の場合、農業という生産活動それ自体が景観、教育、健康・癒しなどの価値を生み出す可能性を秘めている。工夫次第でこれらをビジネス化するなどの可能性を秘めている。例えば、そばの花はツアーにつながり、子どもの農作業体験は教室で教えることができない教育効果をもたらすことができ、大人は農作業により健康になり癒される。

エ　連携―特に消費者参加

農業においては近年都市化等により、生産者と消費者が空間的にも時間的にも切り離され、お互いの顔が見えなくなり、消費者ニーズに沿わない生産や生産者の苦労が理解されないなどの問題が生じてきている。そこで、消費者と生産者が連携することにより、消費者ニーズに沿った売れる農産物作りや農業理解の深まり等により、農業の新たな発展を図る可能性が大きくなってきている。米国ではCSA（**C**ommunity **S**upported **A**griculture）が新しい農業のトレンドとなってきている。生産者と消費者が絶え間ないコミュニケーションを行うことにより、農業が進化する時代の到来である。

また、ビジネス同士の連携の農商工連携も注目される。例えば農家とレストラン、旅館などの連携も全国各地で行われる状況となってきている。

さらに、農家同士の連携も稲作農家と畜産農家、稲作農家と野菜農家など多様な形で行われてきており、さらなる推進が望まれる。

オ　天才ゲーテが発見した植物の不思議なメカニズム

作物によって栽培技術に違いがあることは言うまでもないが、注目すべきは、「栄養成長」と「生殖成長」の転換点が明確な作物と、そうでない作物の栽培技術が異なる点である。イチゴなどの野菜、リンゴ、ナシ、ブドウ等の果物は「栄養成長」と「生殖成長」の転換が明確で、この転換がうまくいかないと多量のおいしい実が採れない。実の元となる花は生長点で葉になるべきものが花芽分化したもの、つまり花は変形した葉というのはドイツの天才詩人のゲーテの発見である。このことをゲーテは「植物のメタモルフォーゼ」という本で明らかにしている。

この世紀の大発見からイチゴの栽培方法を考えると「葉の全体量を100とすると、仮に80を葉にすると実は20にしかならない。逆に葉を少なくして70にすると実は30にもなる。」それではこの転換がどのようにして起きるのか。そのカギを握っているのがN（窒素）とC（炭素）で、CNバランスが転換のスイッチとなるというのがミネラル農法で知られる中嶋常允先生の大発見である。

窒素は葉、炭素は実を作るのに大きな役割を果たす。つまり窒素が多すぎると花芽分化にブレーキがかかって葉が多くなり、実が少なくなる。問題は生産段階において実を多くするためには、葉を多くする必要があるとの根強い思い込みが少なからずあることである。逆に窒素を抑えてイチゴなどを栽培すれば、収量も多くミネラル豊富なおいしいイチゴの生産となる。現にこれにより大きな成果を挙げている生産者が増えてきており、今後の農業の発展の大きな可能性を秘めている。ワインで有名なフランスのボルドーはブドウがこの転換をスムーズに行えるような優れた気象、土壌条件等に恵まれ世界的に圧倒的な有名ブランド力となっている。

カ　半農半X

農業は自然に働きかける産業であり、その長い間の生産活動を通じて自然の理解、人間と自然の共生の在り方などについて多くを学ぶことができ、これは他の職業において大きな力になる。農業＆俳優、農業＆作家、農業＆書家など多様なライフスタイルが作り上げられている。栃木県高根沢町の鈴木源泉氏の「農の心書の道」は、塩見直紀氏が唱える「半農半X」のエッセンスを表現したものとして印象的である。

○農業の潜在可能性を考察する場合、農業の「変わらないもの」と「変わるもの」、即ち「不易流行」の観点から将来の農業の発展の姿を考える必要がある。

農業が成長産業として期待される状況になってきているが、農業が自然の中で営まれるという農業の基本的な特質を踏まえて、今後の農業の発展の在り方を考える必要がある。つまり「不易流行」、不易＝変わらないもの、そして流行＝変わるものを明確に区分して、今後の農業の発展の方向を考えていかなければならない。

(1) 不易—農業で変わらないもの

ア　「いのち」は人工的には作れない
イ　自然の恵み—自然の力を引き出す
ウ　食文化の基本は天地人—地球まるかじり
エ　森林—水田—海（藻場）という国土の基本構造
オ　水—土—太陽という農業の基本要素

(2) 流行—農業で変わるもの

ア　自然の力を引き出す方法は多様でしかも変化
イ　食文化―山の頂上は不変の目標、しかし登山ルートは多様
ウ　技術革新
エ　消費者ニーズ等の変化
オ　経済・社会構造の変化

4　農業の新たな発展を図るための基本的条件

農業の潜在可能性は極めて大きいと考えられるが、これを顕在化していくためには様々な困難な問題があり、これを乗り越えていくための方策を検討する必要があるが、そのための条件は農業のイメージについての根本的な転換である。

(1) 農業の「ネガティブ」なイメージから「ポジティブ」なイメージへの転換

農業は長い間 3K（きつい、汚い、危険）産業と言われてきたが、今後の農業の発展のためには、このネガティブなイメージを払しょくする必要がある。これからの農業のイメージについては「農家のこせがれネットワーク」の宮治勇輔代表が唱える新 3K（「かっこ好くて、感動があって、稼げる農業」）への転換が望まれる。

(2) 農業の知的創造型産業への転換

農業は「脳業」である。サイボクの創始者笹崎龍雄先生の言葉である。農業は自然を相手とする産業で、総合的な知を必要とする。近代知の分断が起こったが、今後の農業の発展のためには各専門分野の連携､知の総合化が必須である。既に米国においては「ラーニングコミュニティ」の活動が進められている。また、教室で教える「形式知」のみならず、農業体験等により暗黙知（五感を通じて体得する知恵の積み重ね）の教育の積極的な推進が不可欠である。

(3) 楽農

「楽農」は今後の農業のあるべき姿を見事に表現したサイボク創始者笹崎龍雄先生造語である。体より頭を使って行う農業の重要性を訴える言葉である。

孔子によれば「これを知る者はこれを好む者に如かず。これを好む者はこれを楽しむ者に如かず」である。

それでは「農業の楽しみ」とは何か。自然から学ぶ喜び、食べた人から「おいしいね」と言われること、様々な困難を乗り越えていく達成感、家畜とのふれあい、社会貢献、消費者の感動、環境保全等多岐にわたる。笹崎先生が強調された「絵になる農業の創造」も忘れてはならない。

（4）食の生産から消費に至る様々な変化に対応するための新たな農業の形の創造等の積極的な推進

世界的な需要増、環境、エネルギーの制約等が高まる一方で、消費者ニーズが多様化するなど農業を取り巻く状況が以前にも増して複雑に変化している。このような中で、様々な環境変化に柔軟に対応する多様な農業の展開が求められており、今までなかった様々な形の農業の創造と地域の特性を重視したフランスのテロワール的持続型農業の推進が必要不可欠になっている。

（5）時間を貯金する農業への転換

ア　本来農業は自然と共生する産業であり、変化する複雑系である自然と向き会っていくためには絶えず自然と五感を通して対話しながら、全身で知恵を積み重ねていく暗黙知が重要な役割を果たす世界である。この経験値と先端産業が生み出した精密な計測機器を駆使した計測値の融合、つまり「アナログ」と「デジタル」のコラボがこれからの農業発展のための時間の貯金の仕方であると考えられる。

イ　特に最近、地球温暖化が深刻化し気候変動が激化する状況下では、従来以上に変化に対応して安定供給、高品質の維持等のための様々な創意工夫が必要になってきている。時が流れ去るのではなく、経験値が持続的に積み重ねられ、進化し続ける農業への転換が強く求められている。

ウ　食は「いのち」そのものであり、農産物や畜産物の栽培や飼育過程における愛情が重要である。愛情たっぷりのヘルシーで、おいしい食の生産の取組みが期待される。農村には「主人の足音が最高の肥料である」という言い伝えがある。

（6）農業の基本は観察

ア　農業は自然の中で営まれる産業であり、また生産者が育てる動植物は自然の変化に適応して成長する。さらに動植物とのコミュニケーションも無視できない。動植物が健やかに成長していくためには、常に動植物の状況を的確に把握し、適切な対応を図る必要がある。

イ　中嶋先生は、農業の60％は観察であると口癖のように言われていました。植物は土と接触するのは言うまでもなく「根」であるが、目で見ることはできない。しかし植物の葉は根の状況、土壌条件等を映し出す鏡のような働きをしており、常時葉をつぶさに観察することの重要性を強く唱えられ、ミネラル養液を葉面散布する方法等を開発された。

ウ　笹崎龍雄先生は農業のためには「見」・「視」・「観」の３つの視点から観察、考察する重要性を強調しておられた。

「見」―肉眼でみること。主観的。

「視」—心でみること。客観的。

「観」—眼でも心でもみえないものをみること。真実の相がみえてくる。

（7）農業の持続的発展の「鍵」は人づくり

筆者が栃木県庁で農政に携わっていた時、農村で長く言い続けられてきた言い伝えを耳にした。

「下農は草をつくり、中農は米をつくり、上農は土をつくり、
上々農は人をつくる」

5　多様な新しい農業の形の創造等の動向

農業の潜在可能性等を最大限に引き出して、農業の新たな発展を図って行くためには、農業の状況、特に最近出現しつつある新しい農業の形の全体を概観する必要がある。

主な事例は以下のとおりである。

（ただし、新しい農業の形の創造のドラマは、まさに現在進行中であり、以下の事例は、当然のことながら全体の極く一部の例に過ぎない。）

（1）技術革新の進展―ICT等を活用した各種最先端機械、ハウス、資材等によるハイテク農業

（2）伝統の技―有機栽培、自然栽培（埼玉県神川町）、ハニートピア（れんげの水田と養蜂）
吊りシノブ（シノブ玉）―シダ植物を育て、土台に窪みを作り、中に蚊取り線香を入れると涼しげグリーンが実用的に変身

（3）広がる連携―パン屋と小麦の自然栽培農家、高級レストランと野菜産地が連携（イタリアンレストランと三島野菜等）

（4）新しい流通システム等の構築―農産物直売所、道の駅、サービスエリア等の新しい食品売り場の出現とこれに直結する農業の展開、パッケージ、デザイン、ロゴ、ゆるキャラ、ネーミング、キャッチコピー等を活用した付加価値の高い農業の展開

（5）消費者ニーズの変化、生活の変化、地球を気遣う消費者の増加等による新たな流通の創造等で、売り方が変わり、農業が変わる（local, healthy, organic）

（6）地域の魅力（交流）と地域の産物の魅力（地域ブランド）の一体化による相乗効果の発揮等による新たな流通の創造が推進され、農業が変わる

（７）消費者参加による新たな農業（CSA=Community Supported Agriculture）の創造
（８）新たな流通チャネル等の開拓―高齢者のニーズに対応する宅配、ネットショッピング、介護食、病院食等の製造販売等が農業を変えつつある
（９）地域資源活用の新たなビジネスチャンスの発見－岐阜県高山市の温泉熱のハウス等農業における活用（ドラゴンフルーツ、バナナ等）、温泉熱利用による北海道のマンゴー、静岡県のカカオ豆生産、沖縄県伊江島のサンゴ礁の島の絶品小麦栽培等―奥飛騨の温泉熱利用のドラゴンフルーツ栽培で有名な渡辺祥二さんはヤギの除草隊の隊長でもある
（10）新しい社会的ニーズへの対応―医療福祉、環境、地域再生―東京都練馬区の白石農園の社会貢献型農業（社会的価値創造農業）の創造
（11）知的財産権により守られ発展する農業―夕張メロンなどの地域ブランド等による新たな農業の創造
（12）インターネットの活用等による販路開拓―地方ではマーケットが成立困難な高額商品の販売（マツタケ、自然薯等）、売上増、価値の伝達による価格アップが実現可能に
（13）地域通貨の活用による地域特産物等の復活
（14）（交流＋物販＋環境）や（異業種連携（タテ糸＋ヨコ糸））で相乗効果を生み出し、地域全体の経済力を強化―地域経営の視点が重要で、ポイントは動脈系と静脈系で循環系を作る必要があり、真に持続型の農業の展開が可能となる
（15）地域間連携（点から線さらに面―広域観光ルート）、生産と販売（サイボク楽農ひろば・レストラン）の一体化等による集客の増加、付加価値向上等

(16) 在住外国人の日本の良さ発見と彼らが切り開く新たな農業への期待（埼玉県神川町の八須ナンシー氏の日本の発酵文化へのこだわり）
(17) ふるさと納税で変わる農業―平戸市についてはアスパラガス、黒毛和牛などが人気
(18) リアル農業ゲームで変わる農業ー松山市「テレファーム」
(19) ニューフェースの野菜（コールラビー、アーティチョーク等）で変わる農業―新たな需要を開拓して大人気の鎌倉野菜等。さいたま市ではレストランと連携した地元産のヨーロッパ野菜による産地づくりを推進
(20) 田園再生力により変わる農業―コウノトリ育む農法、富士酢が生命豊かな水田再生
(21) 黄色い油田等により変わる農業―バイオマス、小水力発電、風力発電、太陽光発電、地熱発電―エネルギー自給型農業
(22) 水田の利用の多様化（飼料米、米粉、マコモダケ、レンコン、錦鯉の養殖等）により変わる農業
(23) 体験農園がふれあいの場を作り、そこから生まれる消費者参加型農業の創造
(24) 田舎の「おもてなし力」により変わる農業」－大分県宇佐市の農村民泊「舟板むかし話の家」の中山ミヤ子さんが作る新しい農業の形―納谷を改装した休憩・談話スペースには昔の農具が飾られているなど古き良き農村の雰囲気が漂う築100年の家の「いろり」を囲んでの団欒、ドジョウや旬の野菜など地域食材を活かした料理の提供、田舎ならではのホスピタリティを心掛けている、優れたインタプリテーション力（農業には自然と共生してきた地域の知恵が結晶しており、それをどう伝えていくかという課題があり、田舎の「おもてなし」の最も重要な要

素ではないかと考えられる）等
（25）WWOOF（World - Wide Opportunities on Organic Farms ）運動による世界的な有機農業の推進
（26）緑提灯の自給率向上運動
（27）大田原ツーリズムは地域の知られざる魅力を発見し、都市住民と農家をつなぎ、海外の子どもたちも農家民宿に宿泊体験している。また有機農業に力を入れている古谷農産等の先進農家と連携した農家レストラン「下野農園」を運営し、農家の取組み内容のＰＲも行っている。
（28）小豆島の「オリーブの搾りかす」をえさにしたブランド牛等地域特産物の飼料としての活用等によるブランド化。さらに全国各地で地域特産物を飼料として黒毛和牛のブランド力強化の動きー米沢牛（米）、信州牛（リンゴ）、山梨（ブドウ）、和歌山（ミカン）、鹿児島（サツマイモ）等
（29）リンゴ、緑茶、牛肉、日本酒等の各種食品の輸出
（30）島根県匹見町のＩターン者による「匹見ワサビ」の復活—うずめ飯の主役は「ワサビ」
（31）愛媛県今治市「JA おちいまばり」の「さいさいきて屋」の極上の味の「イチゴのタルト」
（32）島根県「JA 雲南」の小さな農家をつないで地産都商
（33）島根県出雲市の対馬対流の温暖な潮風を受け、水はけを良くするなどにより、少し酸味のある甘くておいしい「蓬莱柿」という品種が地域ブランドとなっている「多伎いちじく」栽培—100 戸近くの農家が栽培しており、徐々に栽培面積が増加、このいちじくの天ぷらも人気となっている。
（34）埼玉県三芳町では雑木林の落葉から堆肥を作り、隣接の畑でサツマイモやサトイモなどの生産を行う「循環型農業」が行わ

れている。最近さら加工品づくり、OIMOcafe などのアグリビジネスが着実に広がってきている。

（35）新潟県十日町市の「イナカレッジ」—農業やアグリビジネスのインターンシップ

（36）愛媛県松山市のアボガド栽培による新たな産地づくり

（37）茨城県常陸大宮市等の「瑞穂農場」ではロボット等の先端技術を駆使した酪農等を推進

（38）鳥取県八頭町の「田中農場」は土づくりにこだわり、サイボクハムのレストランで使用されるほどのおいしいと評判のお米の生産のみならず、絶品のネギづくり、さらに酒造メーカーと連携して酒米山田錦によるこだわり日本酒づくり等を推進

○サイボクハム創始者笹崎龍雄先生は農業の将来についても鋭い洞察力を持っておられ、度肝を抜かれるような未来の日本農業像を描き示された。

（1）集団農業
（2）台所農業
（3）サロン農業
（4）世襲農業
（5）企業農業
（6）テーマパークその他

6　農業の形が変わる要因分析
―新しい農業の形創造のドライビングフォース分析

何故今「新しい形の農業」が次々に生まれてきているのか、そのドライビングフォース（推進力）についてあらゆる角度から分析を行う必要がある。

（1）自然力

ア　水

宇宙誕生とほぼ同時の歴史を持つ水は植物の生育に欠かせない。水である溶媒にミネラルなどの溶質が溶け込んで溶液となる。通常地球上に存在しているのはこの溶液状のものである。この溶液の成分やその量により性質が異なる。カルシウムなどの成分の量により、その量が少ない軟水と多い硬水に区分される。

水には構造があり、ブドウの房のようにクラスターは作っていると言われ、大きい水、小さい水という言い方もされている。また水は小さな磁石（磁化水）の性質を持つ。このほか「πウォーター」、酸性水とアルカリイオン水等水も多様な形で存在している。

近年水について新たな知見が積み重ねられてきていることから、水の利用方法が新しい農業の形を創る大きな推進力として注目されてきている。

湧き水、雪解け水なども農産物や家畜の生育や味に大きな影響を与えていると言われ、新しい農業の形を創る大きな推進力となっている。

水の力―ワサビ―静岡市有東木（うとうぎ）地区―「ワサビは水を選ぶ」

イ　土

食の原点は農、農の原点は土、土には誕生の物語がある。

土には構造がある。それは微生物が作る団粒構造であり、保水性、通気性等に優れ、植物の生育を促進する。微生物は有機物を分解する働きをするが、好気性菌と嫌気性菌が連携すると分解は加速する。堆肥作りの切り返しは両者の働きを促進するためである。土の中には微生物だけでなくミミズ、モグラまでの生態系があり、リサイクルに大きな役割を果たしている。

土の中には肥料の３大要素である窒素（N)、りん酸カルシウム（P)、カリウム（K）のほかに様々なカルシウム、マグネシウム、鉄、銅、亜鉛などのミネラルが含まれているが、近年このミネラルの不足が問題となっている。れんげ、大豆などに生息している根粒バクテリアにより空中窒素が固定される。

慣行農業により、日本の土壌は炭素主体から窒素主体に転換したと言われ、この見直しが新しい農業の形を創る大きな推進力となってきている。

ウ　太陽光

太陽光は植物の生育に欠かせないが、植物は太陽光の極く一部しか利用していない。そこで植物工場ではＬＥＤを利用してレタスなどの栽培を行っている。太陽光をより有効に活用するためピンク色のビニール等の資材を利用することも行われている。

また、太陽光をコントロールする軟化栽培が行われている。光を遮断すると白色、光を短時間当てると淡い赤、弱い光を長時間当てると黄色となることから、ネギ、ウド、アスパラガスなどの栽培に導入されてきている。

太陽光の利用方法も新しい農業の形を創るための大きな推進力として期待されてきている。

例えば、

日照時間、短日性と長日性、温度を下げて眠らせるイチゴの栽培（山上げ、冷蔵庫）

ラ・フランス（山形県上山市の平棚仕立て・無袋栽培）、宮城県名取市の伝統野菜のミュウガダケは軟化栽培、栃木県大田原市の古谷農産の軟化栽培のウド

エ　季節の力

我が国は四季に恵まれ多種多様な農産物等が生産されているが、最近では冬、特に雪が推進力となって青森県東北町の春掘り長芋、新潟県の雪下野菜など新しい農業の形の創造を行う取組みが盛んになっている。

オ　地域資源の力

農山村は様々な地域資源に恵まれている。最近それぞれの地域資源を活かして、新しい農業の形を創る動きが全国各地で見られるようになってきている。

岐阜県高山市のドラゴンフルーツ（渡辺祥二さん）、高原野菜、三浦半島の潮風いっぱいの野菜、沖縄県伊江島のサンゴ礁の島の絶品小麦等

カ　再生エネルギー力

太陽光、風力、地熱等の自然エネルギーのほか、バイオマスによる再生エネルギーの生産も新しい農業の形を創る推進力として期待されている。

キ　旧暦（太陰太陽暦）

植物は太陽の１年のリズムと月の１か月のリズムの中で成長する。

この２つのリズムを教えてくれるのが、旧暦である。新月の時に種をまくことは農業の言い伝えであるが、曇りの日で月の満ち欠けが見えなくとも旧暦があれば新月を知ることができる。

今でも篤農家でよく見かけるが、今後の農業についても旧暦が教えてくれる自然のリズムを知り、それに対応した農業の在り方も重要となってくると考えられる。

ク　発酵力

我が国は春夏秋冬、さらに梅雨と循環する時間に育まれながら豊かな「発酵文化」が発展し、「うまみ」という和食の土台が創られ、さらに味噌、醤油、漬物等多種多様な発酵食品が全国各地で創られてきた。

ア　コンピュータ制御のヘリコプター、ロボット等コンピュータを駆使した各種農業機械による農業、ICT 技術と職人技の融合―生産性向上、高品質農産物の生産、環境にやさしい農業等の実現
イ　コンピュータで温度、湿度等を管理するハウス栽培、さらに植物工場
ウ　コンピュータで飼育管理する畜産
エ　マーケティング、マーチャンダイジング、マネージメント等で変わる農業
オ　バイオテクノロジーによる栽培方法の革新

○技術ニーズポテンシャル

（１）コスト削減
（２）安定的生産― GPS により気象変化や水田の水位などをリアルタイムで把握して適時適切な水管理。雪対策等の実行

（3）楽農—部屋でのハウスの温度管理等により、夕食を家族で一緒に食べることができるなど自由時間の確保
（4）高品質農産物の生産— ICP 土壌診断によるミネラルバランスの取れた土づくり
（5）遺伝子組み換えにより農薬・除草剤の削減、ビタミンA入りの米やバナナの開発
（6）環境にやさしい農業— GPS 活用により土壌中の窒素等の賦存量を測定して、不足分だけ追加すること等により施肥量の削減

○遺伝子組み換えについて

アメーバから人間までの生命の設計図であるDNAは、4つの塩基文字（A（アデニン）、T（チミン）、C（シトシン）、G（グアニン））で作られている。伝統的な育種は交配という方法で新品種の開発を行ってきた。つまりランダムに発現した新たな形質からの選抜ということで品種改良を行なってきた。これに対し遺伝子組み換えはゲノム解析で個々の遺伝子の働きを解明し、ピンポイントで新たな品種を創り出そうというものである。伝統的な育種と遺伝子組み換え技術は両者とも組換えに使用している塩基文字は変わらない。違うのは組み換えの方法だけである。

しかしこれに対しては消費者の根強い不安があり、農薬使用の減少、新たな栄養成分の賦与等の利点が数多くあるにも関わらず、この新技術の発展にブレーキがかかっている状況になっている。しかも、複雑な生命のシステムに関わる技術であり、生命についての幅広く深い理解が不可欠で消費者が納得するような説明が困難な状況になっている。人口爆発等による食料の需要増、地球温暖化等による供給不安の増大等食料を巡る情勢が厳しさを増している中で早急な問題解決が求められている。

○**技術力ポテンシャル**

（１）自動操縦農業機械、ロボット

（２）ヘリコプター、無人飛行機、ドローン

（３）ハウス内の温度、湿度等のコントロール、高機能資材―ピンク色のビニール等による太陽光の有効活用

（４）GPS、センサー、スマートフォン、クラウドコンピューティング

（５）バイオテクノロジー

（２）　消費者ニーズの変化

1980年代から消費者ニーズ等が急速に変化し、新しい農業の形の創造の強力なドライビングフォース（推進力）となってきている。

ア　量から質へ

1970年代に日本人の胃袋は一杯になり、食と人との関係はコペルニクス的転回となり、「食と体（胃袋）」から「食と心（感動）」へと変化し、消費者ニーズはマズローの欲求５段階説の如く「自己実現」に向けてセグメント化し、消費者選択の時代となった。特に食については、「フレッシュ」で「デリシャス」で「ヘルシー」なものが人気となり、「本物志向」も強まった。ヴェブレンの「顕示的消費」は環境にやさしい消費に向かい始めた。

イ　社会構造の変化

女性の社会参加の増加、世帯の縮小化等により、おにぎり、惣菜、弁当などの中食マーケットが拡大した。高齢化は多品種少量、介護食、ケイタリングなどの新たな需要を作り出している。

ウ　食の安心・安全

度重なる食中毒事件の発生、BSE、鳥インフルエンザ等により、食の安全性に対する懸念が広がり、生産者の顔が見える流通、HACCP、オーガニックなどへの関心が高まってきている。遺伝子組み換え食品に対する不安も根強い。

エ　生活の変化

消費者は個々の商品（川）の選択から、各商品の組合せ（海）による生活全体の質の向上を図ろうとする傾向が強まっており、消費者選択は「川」から「海」へと変化し、ワンストップショッピング、調理簡便な食品の選択、自動車によるまとめ買い等の傾向を強めている。また通勤帰りの買物、旅行など移動に伴う食の機会等が増加しており、駅弁などの需要が高まってきている。

オ　地球を気遣う人たちの増加

地球温暖化の深刻化は消費者の意識を変えつつあり、地産地消、環境に優しい農業等に対する関心が高まってきている。

（3）　伝統力―伝統野菜、在来作物

京野菜、加賀野菜などの伝統野菜はそれぞれの地域で長い間作り続けられ、その地域の気候風土に適したものであるが、戦後の都市化、国際化等に伴い広域で大規模な流通システムが構築される中で、生産性が低い、病害虫に弱い、鮮度落ちが早いなどの理由で絶滅あるいは絶滅の危機に瀕しているものが多くなっている。しかし最近地産地消やふるさと志向の高まり、多様な野菜を求める動き等により、山形県鶴岡市など全国各地で伝統野菜、あるいは広く在来作物の復活の動きが高まっている。今後フランスのテロワール的な動きが我が国でも強まり、地域ブランドの確立も期待される一方で課題も多い。

ア　誰がどのようして種を守り、受け継ぐか？
イ　栽培方法等を受け継ぐ方策は？　特に焼畑農業。
ウ　料理法等を受け継ぐ方策は？

（4）　農山村力

　農業は自然の中で営まれると同時に、農村コミュニティの中で行われるものであり、個人の経営努力を超えた対応が必要である。伝統的な共同体が崩壊しつつある中で、今後どのような新たな農村コミュニティを構築していくかが重要な課題となっている。都市化等の進展により、自然や「やすらぎ」を求める都市住民が増加する中で、農山村の魅力が高まり、また多様な地域資源の活用の可能性も高まっており、農山力の農業の新しい形を創造する推進力も大きくなってきている。さらに最近､鳥獣被害が深刻化し､農産物等の栽培が困難になっている。

ア　農山漁村コミュニティビジネスのモデル構築─地域に「食のトライアングル（農産物直売所、農家レストラン、農家民宿の連携）」を作り「グリーン・ツーリズム」等で都会と結ぶ
イ　豊かで多様な地域資源の有効活用─晩柑等の地域の特産物を活かした和歌山県田辺市秋津野の「きてら＆ガルテン」､そして「地域づくり学校」などのモデル例から学ぶ
ウ　「笑顔あふれるコミュニティ」は農業生産者等の健康増進につながる
エ　鹿肉の活用等が進み、鳥獣被害が減少すれば、新たな地域特産物による観光客の増加、農業の推進等につながる
オ　地域ブランド─「馬路村のゆず」から「ゆずの馬路村」へ─「個々の商品」のブランド化から「地域」そのものがブランド化することが望ましい

（5）　都市力

都市は農産物等の巨大な消費地としてだけではなく、今後は付加価値の高い農産物等の消費地として期待される。

ア　百貨店、スーパー等のこだわりコーナー
イ　地方自治体のアンテナショップ、マルシェ
ウ　セレクトショップ
エ　ネットショッピングやリアル農業ゲーム
オ　生産者と連携した有機農産物等のこだわりレストラン
カ　農産物直売所や道の駅に出かけ買物をする人たちの増加

（6）　交流力

都市と農山漁村の交流は時代の大きな潮流となってきた。この時代の潮流の変化は、また新しい農業の形を創る大きな可能性を秘めている。

ア　交流の基本哲学—「風に聞け、土に着け」
イ　都市と農山漁村のパートナーシップの確立によるコラボによるツアー、商品開発等によるコミュニティビジネスの新展開
ウ　都会の人たちのリフレッシュと笑顔あふれるコミュニティの再生

（7）　国際力

国際的なブームとなっている「和食」をグローバルの中でいかに活かし、新しい農業の形を創る推進力としていくかが問われている。

ア　食品の輸出
イ　黒船効果

（8）　食文化力

我が国の食文化は「水（軟水）」、「うまみ（アミノ酸）」、「生」などの特徴を持つ「一汁三菜」の食文化であり。三風（風土・風景・風味）と言われ、国土構造（山（森林）－水田—海（藻場））の基盤の上に創造されてきている。特に和食の特徴は「食べる前に美しい風景を見て楽しむ」ことであり、その美しい風景は五色（赤・黄・青（緑）黒・白・）で作るが、その基本が紅白である。加工で5倍、料理で10倍の付加価値が付くと言われるが、食文化は100倍まで付加価値を引き上げる。（1食300円から30,000円まで変化し、食文化が価格引上げの大きな力となっている）

また、赤い食材は高価格となるなど食材の色彩は和食の場合、付加価値向上のための大きな要因となっている。また近年フランスなど世界の先進国で「味の簡素化」が進展する中で、「和食」は自然の食材のおいしさを活かした健康長寿食として国際的に評価が高まってきており、和食の世界的な普及は我が国農業の新しい形を創る推進力となる可能性を秘めている。

さらに、戦後洋風化が急速に進んだが、毎年2,000万人近くの国民が海外旅行を経験し食体験を重ねる中で、国内においても本格的なフレンチ、イタリアンなどを味わいたいというニーズが高まっており、国内産の洋野菜等の栽培も新しい農業の形を創る推進力になってきている。

ア　海外での和食ブームを食品の輸出やインバウンドにつなげる。このためには郷土料理、田舎料理、行事食などの復元、再評価、普及等に加え、創作料理の開発等が必要である。

イ　フレンチ、イタリアン等の普及により鎌倉野菜などに見られるようにズッキーニ、アンティチョーク、コールラビ等の洋野菜など新たな食材の掘り起しが必要となっている。

ウ　寿司、すき焼きなどは5色で美しい風景を創り、高い付加価値絵を実現している。今後多様な創作和食の開発が望まれている。霜降りの牛肉、マグロの大トロなど紅白はハレ、御馳走のシンボルであり高価格を実現している。また、赤い食材は高価格となるので、例えばりんごは葉を取ってできるだけ太陽光を当てるようにする、根元に光を反射する資材を敷くなどの工夫等により、赤いリンゴの生産に力を入れている。(逆に葉を取る手間を省く「葉取らずりんご」の取組みもなされている。)

(9) 田園再生力 (環境力)

戦後の慣行農業等の進展により、生物多様性が失われ、食物連鎖の頂点に立つコウノトリなどが絶滅、あるいは絶滅の危機に瀕する事態を招いた。兵庫県豊岡市は不耕起栽培からコウノトリの復活に成功し、さらにこれが環境にやさしい「コウノトリ育むお米」など「コウノトリ育む農法」の推進につながっている。まさに田園再生は新しい農業の形の創造の推進力として注目されている。

ア　コウノトリの復活による「コウノトリ育む農法」の推進

イ　環境にやさしい富士酢

ウ　遊休地の活用、酒米等による地酒、日本酒、地ビール、ワイン、焼酎等の新たな生産

(ア) 曽根原久司代表の「えがおつなげて」は (株) 三菱地所と連携して、農業体験で遊休農地を再生して栽培した酒米で日本酒「丸の内」を作り、丸の内のレストランで販売

(イ) 長崎県大村市の「シュシュ」は農業塾でサツマイモを栽培し、焼

酎「どっこいしょ」を作り、農産物直売所「新撰組」で販売

（ウ）長野県東御市の「リュードヴァン」は桑畑をワイン専用のブドウ種に作付け転換して本格ワインを作り都内で販売

（エ）栃木県では酒米「五百万石」を栽培して地酒を作り販売

（オ）栃木県宇都宮市の「ろまんちっく村」は地元産ビール麦だけでなく、ホップも栃木産にこだわり「クラフトビール」を作り販売

エ　軟化栽培

オ　農家レストラン

(10) 連携力

耕種農家と畜産農家の連携等生産者同士の連携に加え、最近農商工連携、さらに消費者参加型の農業、さらに農山村の各分野が手を取り合って行う農山漁村コミュニティビジネスの展開など連携力が新しい農業の形の創造の推進力となってきている。さらに、次世代への農業の継承が重要な課題となっている。

ア　生産者同士の連携

耕種農家と畜産農家の連携（稲わら・もみ殻と堆肥の交換）

イ　農商工連携

料理人と三島野菜（謳い文句は標高50m以上の農地で栽培された野菜）等の農商工連携の推進

ウ　消費者参加型農業の創造

エ　農山漁村コミュニティビジネス

オ　次世代に農業をつなぐ農業―子どもたちの農業体験、農村生活体験等、特に味覚教育の実施を継続的に行うことにより、農業理解を進め農業経営の持続的発展を図る。

（11）流通力

農産物直売所などの新たな販売拠点、インターネット等の新しい流通ツール、消費者ニーズに沿った売り方の革新等、様々な面での流通革命は新たな農業の形を創る大きな推進力になってきている。

ア　新たな販売拠点—
農産物直売所、道の駅、サービスエリア、アンテナショップ、セレクトショップ、マルシェ等

イ　新たなツール—
インターネット、バーコード、シール、包装、容器、ポップ、幟、宅配便、食べる通信、通信販売、テレビショッピング等

ウ　売り方革命（ワンストップショッピング、メニュー提案、試食等）、買い方革命（少量単位、自動車によるまとめ買い、環境重視等）、駅弁などの「旅の食」の増加—大根はコンビニのおでんで生産拡大、最近秋の味覚さんまとセットで売られるようになるなど売り方が変わり、消費量最大の野菜となった。

エ　中山間の小さな農家をつないで地産都商

オ　自給率向上を推進する「緑提灯」

○道の駅は国道沿いに立地し、トイレ（休憩）と電話（通信）から始まったが、今や地域の情報発信、地産地消、防災機能等地域活性化の多様な役割を担っている。農産物直売所は主に都市近郊に立地し、新鮮・完熟の野菜、顔の見える流通、環境に優しい売り場等の特色を持っている。

○中山間地域や大都市の中心部での農産物直売所や道の駅の立地は困難な面があり、これらの地域での新しい流通の構築が喫緊の課

題である。中山間地域では農産物直売所、農家レストランと農林漁家民宿の食のトライアングルを創り、これを着地型のニューツーリズムで都会と結ぶことやネットショッピング、小さな農家をつなぎ、地産都商の実施（JA 雲南）などの対応が考えられる。

○大都市の中心部では、マルシェ、百貨店の地下売り場、アンテナショップ、ショッピングセンター、レストラン等こだわりの食材を求める所が増えており、これらの売り場等と連携して新しい農業の形を創っていくことが可能となってきている。

(12) 価値伝達力

如何に優れた農産物の生産に成功しても、それだけでは付加価値の実現は困難である。消費者の食の安心・安全、品質へのこだわり等が強くなる中で、その価値を如何に伝えられるかがその価値の実現のカギとなってきているが、価値の伝達は容易ではない。しかし最近インターネット等新たなツールの登場等によって価値伝達力を高め、新たな農業の形を創っていけるような状況が生じてきている。

ア　価値の創造―価値の伝達―価値の実現
イ　農産物等のテキスト化
ウ　口コミの威力を活かす―「ストアロイヤリティ」→「ブランドロイヤリティ」→「ヒューマンロイヤリチィ」あるいは「ヒューマンブランド」

(13)「アート」の力

新潟県十日町市・津南町の妻有地区の「大地の芸術祭」に見られるようにアートが農山村の問題解決の大きな力となってきている。アートに期待される役割は、空き家、廃校等の再生、地域資源の有効活用等様々である。また、青森県田舎館村の海外メディアにも取り上げられた「田んぼアート」も今や全国各地に広がって人気となっている。

ア　農山村の問題を伝える力
イ　農山村の人々の心をひとつにする力
ウ　農山村の問題を解決する力

(14)「アグリテーマパーク」の力

笹崎龍雄先生が目指した「農業ディズニーランド」、「サイボクハム」の主役は「豚」だったが、そば、酪農などいろいろな農産物等に「アグリテーマパーク」あるいは「農業ディズニーランド」の可能性があり、新しい農業の形を創る推進力となる。

ア　サイボクハム
　「ミートピア」のスローガンは「緑の牧場から食卓へ」
イ　そばのテーマパーク
　北海道幌加内町は町全体が「そばのテーマパーク」でそば祭りも開催
ウ　酪農のテーマパーク、そして教育ファームに発展
　栃木県那須塩原市の南ヶ丘牧場他全国各地の多数の牧場
エ　道の駅の田園テーマパーク
　群馬県川場村
オ　農産物直売所を核とする「テーマパーク」
　長崎県大村市の「シュシュ」

(15) 野菜力

最近特に野菜のビタミン、ミネラル、食物繊維などの豊富な栄養成

分、多様な色彩や形、料理を豊かにする素材等の様々な特性についての関心が高まってきており、新しい農業の形を創る力強いドライビングフォースとして期待されている。野菜の魅力は無限大であり、野菜を知れば知るほど新しい農業の形の可能性が見えてくる。特に東京は現在「空前の野菜ブーム」となっており、これに伴い食の世界が大きく変わろうとしているので、野菜の潜在可能性について徹底した分析検討が必要である。

ア　フードチェーンそしてバリューチェーンから新しい農業の形を考える―オランダのトマトは生産だけでなくコンテナ輸送など全体が一貫的にシステム化されイタリア、ギリシャなどトマト生産国に輸出

イ　飲食店による野菜の生産も取り込んだ「垂直統合」

ウ　野菜の健康パワーの発見―米国ではガン予防のため「デザイナーフーズ・ピラミッド」が作られ、5 A Day（一日野菜 5 皿（350g）以上、果物 200g の摂取）が推進されている。我が国でも野菜や果物の健康効果、特に機能性成分に関心が高まってきている。

（例）ブロッコリーの「スルフォラファン」―免疫力アップ、抗酸化作用
温州ミカンのβ―クリプトキサンチン―抗酸化物質

(16) 教育力

農業は自然に働きかけて恵みをいただく産業であり、その過程で自然から多くのことを学ぶことができる。特に子どもについては、農業体験、農村生活体験などにより「考える力」や「生きる力」を学ぶことができ、最近「教室」では教えることが困難な農業の教育力に関心が高まっている。

(17) 社会貢献力

障害者が農業を通じて癒されるなど福祉を始め、広く農業が社会貢献をする可能性の大きさについての認識が高まっている。

(18) 健康・癒し力

農作業体験を通じての健康づくりだけでなく、植物の成長を見ながら心が癒されるアロマテラピー、動物とふれあうことによるアニマルセラピーなどが注目されている。

(19) 景観力

農業はその生産活動を通じて美しい農村景観を作ることができ、田舎を楽しむツアーづくりもできる。

(20) ライフスタイル力

地球温暖化が深刻化するに伴い、特に大都市においてLOHASなどの新しいライフスタイルを実践する人たちが増えており、地球に優しいオーガニックなどの食を求める傾向が強まってきている。

7　新しい農業の形を創る具体的メカニズムの考察

新しい形の農業がマーケットメカニズムの中でどのように生まれてきているかの考察が必要である。

（1）都市の「新たなニーズ」や「こだわりのマーケットシェア1％」と「つなぐ」
（2）技術革新でコスト削減と品質向上
（3）付加価値向上による価格アップ
（4）需要創造による販売数量のアップ
（5）グリーン・ツーリズム等による農業経営の多角化
（6）未利用農産物の活用―規格外や摘果のメロン等の活用
（7）廃棄物の堆肥化―販売による収入増又は自家使用でコスト削減と付加価値向上
（8）自給農産物の増加や物々交換による家計費削減
（9）半農半X、LOHAS 等新たな農業ライフスタイルの確立
（10）障害者支援等の新たな社会貢献型農業の推進

8　新しい農業の形のタイプの分類と潜在可能性の発見

新しい形の農業を創り、農業の発展はもとより地域全体の活性化を図っていくためには新しい形の農業についてのタイプ別の分類とそこからさらなる潜在可能性を発見して顕在化していくことが必要である。

（1）　新しい農業の基本形は「垂直型」と「水平型」である。「垂直型」＋「水平型」で山が作られ、そして山が高くなり裾野が広がるとハニーポット（農業の魅力）は大きくなる。また、山の形が美しいとハニーポットはさらに増大して求心力が高まる。山の形はプレート型から最も美しい形の富士山型、さらにコップ型まで変化する。

（2）山の形の美しさ（消費者参加―消費者によって磨かれ美しくなる農業）―理念、テーマ、ロゴマーク、キャッチコピー、ネーミング、建物の色彩、季節感あふれる景観の変化、おもてなし等は都会の人たちを引き寄せる手段となる。例―ミートピア構想「緑の牧場から食卓へ」

A=x+y+z

A－農業の新しい形の総度数、x＝垂直型度数（1～5）、
y＝水平型度数（1～5）、z＝消費者参加度数（1～5）

x－生産、加工、レストラン、B to C の度合い等を総合的に判断

例えば、5 －生産、加工、レストラン、3 －生産、加工で大部分が B to B、1 －生産のみで大部分が B to B

ｙ－景観、教育、健康・癒し等の広がり等を総合的に判断

例えば、5 －農業生産＋（景観、教育、健康・癒し等）、3 －農業生産 + 2分野（例えば教育と健康・癒し）、1 －生産のみ

ｚ－インターネットによる情報発信の状況、マスコミ掲載度合い、口コミ、認知度等を総合判断

例えば、5 －高頻度のインターネットによる情報提供、マスコミ露出、3 －インターネットによる情報提供、1 －情報提供手段なし

9　新しい農業の形の創造の推進を図るための課題

山口県萩市の道の駅「シーマート」の大きな発展に辣腕を振るわれた中澤さかな氏は地域のビジネスの成功のためには２つのＭの重要性を指摘する。「マーケティング」と「マーチャンダイジング」である。このほかにも新しい形の農業を創っていくためには様々な課題があり、現に出現しつつある農業には持続していくための多くの問題に直面しているケースが少なくない。

（1）人材育成

新しい農業の形を創るための最重要課題が人材育成で、これまでとは異次元とも言ううべき対応が求められている。新しい農業の形を創るための必要条件は数多くあるが、十分条件はない。人材育成の重要性が強調されるゆえんである。

ア　多様な人材の育成

　　新しい農業の形は多様であり、人材にも当然多様性が求められる。

イ　知的創造対応型人材育成

ウ　実践型人材育成

エ　女性及び高齢者の積極的参加促進

オ　安定的で持続的な雇用の確保

（2）販路開拓

新しい形の農業の実現のための販路の確保については、特に付加価値が高く、安定した多様な開拓していく必要がある。

ア　地産地消
イ　地産都商
ウ　インターネット等の活用

（3）２つのＭ（「マーケティング」と「マーチャンダイジング」）

ア　マーケティング

口コミなどによりお金をあまりかけないで行うことがポイントである。

イ　マーチャンダイジング

例えばどんなにフレッシュでおいしいジュースを作っても、容器が地味だったら販売促進にはつながらない。消費者が注目するようなネーミング、デザイン、説明等が必要不可欠である。

（4）資金調達

新しい形の農業の創造にはリスクを伴うことが多いと考えられるので､リスクをヘッジできる資金調達の新たな仕組みづくりが必要である。

ア　アグリタニマチー農業のファンが出資者、利子は農産物
イ　クラウドファンデング
ウ　消費者の支援

（5）経営形態

新しい形の農業は多様であり、それぞれの農業にふさわしい経営形態の選択が必要である。特に、歴史的に農業については法人経営が少なく､特に「株式会社」は選択されてこなかったが､今後は「株式会社」も含めて農業に適した法人形態の採用についての積極的な検討が必要である。

(6) その他

以上のほか、新しい農業の形を創るための課題は食中毒防止等の衛生問題、食品表示、品質保持、税金、災害対策等多数多様であることから、農業の実践を通じて、常にそれぞれの問題を発見し解決していく必要があり、不断の努力により「考える力」や「生きる力」を磨いていくことが求められる。まさに食と農のリテラシーが必須であり、これのサポートシステムづくりが喫緊の課題である。

10　多様な新しい農業の形の創造で持続性ある個性的な地域の新たな活性化を目指すために

新しい農業の形の最も重要な課題は「多様性」と「持続性」と考えられるが、そのためには発想の転換が必要である。

(1)「スター（星）づくり」から「星座づくり」へ—「部分最適性から全体最適性へ」

ア　「海図なき航海」

「まず青写真、次にアクションプラン作り縦割りの組織で実行していく方式」から「絶えずコミュニティで話し合いが行われ物事が決まり実行されていく方式」への転換

イ　リアルタイムの創出知（清水博著「生命知としての場としての論理」）

生命は様々な環境変化の中で生きていくためには瞬間、瞬間に生きていくための知恵を出していかなければならない。これは「マニュアルの宮本武蔵」の剣法とは異なり、「柳生新陰流」はマニュアルがなく瞬間、瞬間に勝つための知恵が作り出され人間の潜在的な力を引き出す剣法を創り出した。

地域活性化についても都市化、国際化等著しい変化の中におかれている状況下ではマニュアル化が困難であり、生命知と同様に地域を環境変化に対応して発展させていくための「リアルタイムの創出知」が求められている。

ウ　イベントなどの一過性の取組みだけでなく、継続的な取組みのシステムの構築—和歌山県田辺市秋津野の「地域づくり学校」、集落丸山の「NOTE」を中心とした取組み、大地の芸術祭の「コミュニティデザインプロジェクト」etc.

(2)「ラーニングコミュニティ」の構築

各分野の人たちが集い議論し、地域の方向性を絶えず模索する仕組みが必要であり、米国で行われている地域活性化のための「ラーニングコミュニティ」の構築が喫緊の課題となっている。さらに、農業に関係する様々な人たちの英知を結集する「食と農のアプリ」を構築して、リアルなラーニングコミュニティとつなぎ、新しい農業の形の創造のための異次元の仕組みづくりも夢ではないと考えられる。

(3) 農山漁村コミュニティビジネスの構築―交流＋物販＋環境

交流は大きな時代の潮流となってきているが、交流だけでビジネス化は困難であり、農産物等の販売、さらに地球温暖化の防止や生物多様性の維持などへの貢献等を如何に交流と結び付け相乗効果を発揮していく仕組みが望まれている。

(4) 新たなライフスタイルの構築― LOHAS

農山村の活性化はビジネスだけでは実現困難である。農山村、特に農業理解、ふるさとへの思い等マネーを超えた理念が必要である。そしてこれがさらにLOHASなどライフスタイルとして確立されることが重要である。

(5) 新たなモラルの確立―澁澤栄一

江戸時代、上杉鷹山は、木（道徳）を育て、その木から実（経済）を得るという「道徳」と「経済」を分けないという考えにより、また二宮尊徳は「無私」と「誠実」で自然と人をつなぐことにより、農業の発展等に大きな業績を残した。

近江商人は「売り手よし」､「買い手よし」､「世間よし」の「三方よし」のビジネス哲学を確立した。

渋澤栄一は片手に「論語」、片手に「算盤」というビジネス哲学を確立した。特に、地域活性化はビジネスだけで完結するものではなく、片手に「ロマン」、片手に「算盤」でないと現実に地域は回っていかない。地域との共生を常に唱えられていた笹崎龍雄先生が渋澤栄一賞の栄誉を受けられたのは誠に喜ばしい限りであり、まさに「サイボクハム」は新たな地域活性化のビジネスのモラルに基づいたものと考えられる。

第2章

新しい農業の形の創造に向けて さらに具体的に考察すべき重要事項

農業は知的創造型の産業である。
物理学、生物学などの自然科学のみならず、
経済学、心理学、文化人類学など
あらゆる学問分野の
「知の総合化」が必須である。
さらに加えて農業をとりまく複雑かつ
急速に変化する環境を
素早く捉え適応する知恵が
求められる。

古民家「corot」（埼玉県所沢市）

新しい農業の形の創造の期待される
ポテンシャル分析

1. 新しい農業の形の創造の潜在可能性

(1) 基本的視点

ア　時代の大きな転換期、まさにパラダイムシフトの時代の到来の中で今後の農業を展望する場合、「bigger picture」と「detail」の２つの視点が必須である

イ　新しい農業の形の創造においては、「地球的に考え、地域的に行動する（Think Globally, Act Locally)」が今後益々重要になってくると考えられる。

ウ　トリの目とアリの目の２つの目で見ることが重要である。

エ　ツーリズムについては、「地元の目」、「都会の目」さらに「世界の目」の３つの目で地域資源の活用を考える必要がある。

オ　食については「カメ（地産地消）」、「ウサギ（地産都消）」そして「ワシ（グローバル）」と変化してきていて、食のバランスが大きな課題となっている。

カ　三層構造
望遠鏡で見るような農業を取り巻く環境の「bigger picture」のイメージは次のとおりと考えられる。
(1) 上層—各種活動—公共・ビジネス・ボランティア

（2）中層—農業が展開される場、コミュニティ
（3）下層—農業の基本哲学、理念、知的インフラ

キ 「見える化」の方法
農業の現実の姿を顕微鏡による如く「detail」を捉える方法は次のとおりと考えられる。
「全国各地で行われている無数の農業関係の活動を把握し、次にジグソーパズルを解くように個別情報を整理、分析、体系化し、全体情報の共有化を図る。そして、「共創」につなげる。この作業を継続的に行う。」

ク 農は国の基（農本主義）
土から生まれてくるものは何故か「F」で始まるー food, feed, fiber, forest, flower, fruit to name just a few

2．我が国農業の基本である水田農業

（1）国土構造と農業

山（森）—大地（水田）—海（藻場）という国土の基本構造は、台風、梅雨等による浸食から国土を守り、多様な食料を生み出すことにより米を主食とする和食という食文化により日本人の命を守り、そして農林水産業を核として地域を守っている。この国土構造を維持発展させていくことが我が国の基本的な課題である。その中心的な存在が水田農業である。

（2）水田の驚くべき多面的機能

水田はもとより主食としての米を生産する場であり、規模拡大による生産性向上、先端技術を駆使した効率的な機械利用、GPSを活用して気象変動に適時に適切に対応する水管理、品種改良や土づくりによる良質米の生産等が期待される一方、水田の持つ多面的機能を十分に発揮していくことが今後の農業の新しい形の創造の重要な推進力になっていくと考えられる。

（1）水源涵養機能

水田は森林と同様「緑のダム」の役割を果たしているほか洪水防止の機能も持っている。

（2）生物多様性

水田にはコイ、フナ、カエル、ドジョウ、タニシなど多数の生物が生息しており、まさに「生物多様性」の宝庫であり、ホタルが飛び交い、サギやコウノトリが舞い降りる所である。

（3）気候緩和機能

最近異常気象で暑い夏となっているが、水田には暑さを和らげる力がある。水田を渡ってくる風は涼しさを運んでくれる。

（4）四季おりふしに変化する美しい景観

水田は春のレンゲ、早苗の黄緑、夏の緑、秋の黄金色等と四季おりふしに美しい農村の景観を作っている。

（5）田植え、稲刈り等の農業体験による教室で学べない教育効果

自然と触れ合う機会が少なく、農業を知らない子どもたちが増えている中で、田植えや稲刈りなどの農業体験には教室では学ぶことができない優れた教育効果があるとの評価が高まっている。

（6）土地利用、水管理等に必要な村落共同体の形成

稲作は土地利用、水管理等を生産者がバラバラでなく、共同して行っていく必要があり、歴史的に村落共同体が形成されてきている。

（7）田んぼアート

最近全国各地で様々な品種の稲を使った田んぼアートが盛んに行われていて、水田の持つ新しい機能として注目されている。また、秋の風物詩の案山子もファッショナブルになってきている。

（8）その他

井草、レンコン、錦鯉など水田は多様な利用が可能なほか、草鞋、しめ縄、家畜のえさなど稲わらなどの副産物利用の潜在可能性も極めて大きい。

3．新しい農業の形の実態面に即した　ドライビングフォース分析例

（1）土、水、光等によって変わる農業の形―新しい農業の形を創るための土台

（2）栽培作物、栽培方法等によって変わる農業の形

（3）水田の潜在可能性を引き出すことによって変わる農業の形―有機米は高付加価値＋ほたるの里づくり

（3）加工、物流、販売方法等によって変わる農業の形―農産物直売所の枝葉付きの枝豆はコスト削減しながら格別新鮮でおいしい優れもので超人気商品（枝葉付きの赤紫蘇、泥つきのネギ、葉ショウガ）

（4）農産物、加工品等の包装、容器等のデザイン、ファッション性等によって変わる農業の形

（5）料理法、食文化等によって変わる農業の形

(6) 業務ニーズ、消費者選択等によって変わる農業の形
(7) 中食マーケットの拡大によって変わる農業の形
(8) コミュニティ力（地域の人の心がひとつになることによって、各分野の人たちの活動がバランスよく相乗効果を発揮すること）によって変わる農業の形
(9) 都市と農山漁村の交流によって変わる農業の形
(10) 医療、福祉等の社会貢献によって変わる農業の形
(11) 地球温暖化によって変わる農業の形
(12) 在住外国人力によって変わる農業の形
(13) 在来作物の復活によって変わる農業の形
(14) 田園再生力によって変わる農業の形
(15) 連携力によって変わる農業の形
(16)「アート」力によって変わる農業の形
(17) アグリテーマパークによって変わる農業の形
(18) 野菜の持つ様々な力を引き出すことによって変わる農業の形
(19) 農業体験による教育効果の発揮等により変わる農業の形
(20) 健康・癒しにより変わる農業の形
(21) 美しい農村風景を作ることによって変わる農業の形
(22) 地球に優しい新たなライフスタイルの創造によって変わる農業の形

4．野菜デカメロン

(1) 食べる時も野菜は生きており、それぞれの体温がある

野菜は食べる直前まで生きている数少ない食材である。しかも野菜によって体温が異なるので保管管理の仕方に注意が必要である。例え

ば、ジャガイモの体温は比較的高いので、冷蔵庫よりは冷涼なベランダ等での保管が望ましいと言われている。

(2) 野菜は栄養の宝庫（ビタミン、ミネラル、食物繊維、酵素、発酵）

野菜には各種のビタミンやミネラルが含まれている。食物繊維も豊富である。最近注目されているのが酵素である。ぬか漬けの野菜は植物性の発酵食品として腸内環境を整えるのに最適である。さらに最近機能性成分が注目されている。

(3) 野菜には様々な色や形がある

野菜には赤、黄、緑など様々な色がある。形や大きさも豊富で販売形態、料理の仕方、食べ方などに大きな影響を与えている。野菜それ自体の形だけでなく、例えば大根、ニンジンなどは様々な形を加工して作ることができ、料理に欠かせないものとなっている。野菜の色彩の豊富さは野菜のクレヨンを生み出した。四角いスイカは大人気で高価格で売られていて、用途は主に観賞用。

(4) 野菜はふるさとの水を運ぶ環境に優しい容器である

野菜の大部分は水である。しかもそれぞれ育った故郷のおいしい水をたっぷり含んでいる。野菜はまさにそれぞれの「ふるさとの水」を運ぶ環境に優しい容器である。湧き水で育てれば、さらにおいしい水を消費者は堪能できる。

(5) 朝採りの野菜は宝石のように美しく輝く

野菜は夕方から夜にかけて水をたっぷり吸収する。朝採りの野菜は限りなくみずみずしく、その色彩はこの上なく美しい。まるで美しく輝く宝石のようである。朝早く農産物直売所を訪れると多彩に輝く美しい野菜と出会える。農産物直売所の醍醐味のひとつである。ただし、午後にはこの風景は見られない。

(6) 知られざる野菜の花の魅力

野菜は花が咲く前に収穫され、食べられので、ほとんどの消費者は大根の花やキャベツの花を知らない。しかし、野菜の花はそれぞれに美しい。また、ほとんどが食べられる。観賞用だけでなく食用としての可能性も大きい。さらに、食育にとっても野菜の一生を教える上で重要である。

(7) 多様な野菜の歴史

野菜にはそれぞれの物語や歴史がある。最もドラマチックなのが、トマト、ジャガイモなどの大物野菜の原産地がアンデス地方だということである。コロンブスのアメリカ大陸発見により全世界に広まることになった。今や世界中の人が好んで食べ食生活を豊かにしている。なぜアンデスか。恐竜が絶滅する原因となったのではと言われる巨大な隕石が関係しているのではとの仮説もありロマンをそそる。

(8) 野菜スイーツはスイーツのニューフェース

今や食生活に欠かせないものになり、しかも人気上昇中のスイーツ。このスイーツのニューフェースとなりつつあるのが野菜のスイーツである。ヘルシーでおいしいというイメージがある野菜のスイーツへの期待は大きい。

(9) 心を癒す野菜―アロマテラピー

野菜は体だけでなく心も癒す。野菜に毎日水をやったりして育て、その成長の姿を見守っていると心が癒される。最近「アロマテラピー」

は障害者の心を癒す効果が大きいということで注目されてきている。

(10) その他（景観、野菜の種（カボチャ）、ピールアート、カービング、洋野菜、フレンチの新しい風の主役は野菜、野菜寿司、香り野菜、乾燥野菜等）

「野菜とは何か」という問いの答えは限りなく多い。そこで「野菜デカメロン」の最後の十番目は大きな袋にも似た「その他」になった。野菜の農村の風景を創る可能性は限りなく大きい。食用の野菜の種も人気上昇中である。例を挙げればきりがなく、野菜の新しい農業の形を創る推進力は計り知れない。「この野菜力をいかに引き出すか」、今後の農業の発展の大きな課題である。

新たな農山村が切り拓く農業の潜在可能性

1．都市と農山漁村の交流等による農山村の活性化

田舎の魅力（求心力）を高めて交流等を積極的に推進し、農業の新しい形を創り、農山村の活性化につなげる。

（1）田舎の魅力（求心力）が高まってきた理由

ア　都市住民の意識の変化

（ア）コンクリートジャングルで「やすらぎ」や潤いのない生活に飽き飽きしてきた
（イ）コンピュータ等ストレスの多い仕事で疲れ切っている
（ウ）ふれあいが少なく心が砂漠化している
（エ）ハイテック・ハイタッチー技術革新が進めば進むほど心の癒しが必要に、左脳と右脳のバランス
（オ）人生２毛作―定年退職後の第２の人生の舞台
（カ）LOHAS 志向の人たちの増加
（キ）「マネー資本主義」から「里山資本主義」への転換を期待する人の増加

イ　人類が感じ始めた３つの限界

（ア）要素還元主義の限界

「木を見て、森を見ず」―心の荒廃―砂浜の砂のようなつながりのないサラサラしたバラバラな人間関係―人間至上主義の行き詰まり

（イ）地球の限界

厳しさを増す食料・資源・エネルギー問題、地球温暖化、ガイア仮説

（ウ）経済の限界

低成長、所得格差拡大、里山資本主義

ウ　田舎の魅力（求心力）を高める方策

交流等をさらに活発化させるためには田舎の魅力を高める様々な努力が必要であり、特に地域の人々が「心をひとつ」にして地域一体となった継続的な取組みを行うことが重要である。

（ア）農業を元気にして四季おりふしに変化する美しい農村風景の創造
（イ）都会の人たちを笑顔で迎える農村コミュニティの構築
（ウ）自然の中で遊ぶ、学ぶなど多様な体験ができる場の提供
（エ）健康・癒しの時間や空間の提供
（オ）旬を活かした地産地消の食の提供
（カ）祭りやイベントへの参加促進
（キ）農村文化の伝承と普及

2．交流等による新たな農業等の可能性を引き出す（遠心力）

都市と農山漁村の交流は新たな農業の形の創造の強力な推進力である。特に、食はもとより、景観、教育、健康・癒し、文化、スポーツ

等の農業の様々な潜在可能性を切り拓くことが期待される。この実現を図るためには都市と農山漁村の「対等」かつ「双方向」の「パートナーシップ」の確立が必要である。また、地域資源の活用については、都市住民の目と地元の人の目の「2つの目」による「お宝探し」が必要である。これにより地域資源の価値の発見、ツアーづくり、商品開発等のビジネス化が可能となると考えられる。まさに「風に聞け、土に着け」（風と土の地元学—地元学協会事務局）である。「ないものねだり」から「あるもの探し」への転換が必要である。

3. 新しい農村の創造の基本的条件

（1）「部分最適性」から「全体最適性」、一時的から持続的な対策への転換

（2）「スター（星）づくり」から「星座づくり」への転換—農山漁村コミュニティビジネスの構築（規模でなく範囲の経済学、片手にロマン（論語）、片手にそろばん）

（3）ボンディング（地域をまとめる）とブリッジング（都市と地域をつなぐ）とそのための人材育成—「若者、よそ者、ばか者」—形式知と暗黙知

（4）半農半X（天職を見つけ鍛え磨く農業の持つ底力）のすすめ

（5）心の開田—心がひとつにならなければ農業の可能性を引き出せない—心がひとつになる条件とは？

（相乗効果発揮の留意点）

ア　3本の矢は折れない。（強靭性）

イ　自動車の部品は組み立てると走る機能が生まれる。（機能性）

エ　オーケストラは指揮者の下で異なる音が同時に演奏され新しい音が創造される。（創造性）

4．ニューツーリズム―マスツーリズムの時代が終わり、発地型から着地型へ

（1）体験型観光
（2）修学旅行から教育旅行へ
（3）着地型、着旅、地旅
（4）グリーン・ツーリズム、エコツーリズム、ブルーツーリズム、ヘルスツーリズム、フラワーツーリズム、ホワイトツーリズム、スローツーリズム

5．地域活性化のための「おもてなし」のポイント

（1）成熟社会の中での「付加価値」―物から心の豊かさを求める消費者ニーズの変化、無縁社会、マンネリ化した都市生活の中で感動を求める人の増加―「おもてなし」の地域全体の活性化を図る上での重要性が高まってきている。
（2）構造的ミスマッチの解消ー都鄙意識と田舎と都会の情報の非対称性―都会と田舎の「2つの目」でおもてなしの在り方を考える必要がある。
（3）日本の「おもてなし」のすばらしさ（言われたことを行うのではなく相手の気持ちを予測して行う「おもてなし」）の推進
（4）都会のトレンドを知る―「田舎では都会のごちそうでなくその

地域ならではのごちそうを食べたい」、「いろいろなものを少しずつ食べたい」等

（5）サービス（下から目線で一方向的）からホスピタリティ（対等で双方向）の重視へ

（6）一口サイズー「口紅が落ちない」も大事な「おもてなし」

6．地域の活性化のための基本課題

（1）美しい農村景観づくり

（2）地域の食文化等地域文化の維持・発展

（3）笑顔あふれるコミュニティの再生

（4）都市と農山漁村の交流の促進

（5）地域のブランド化

7．黒船効果

（1）訪日外国人の増加による経済効果

（2）日本の魅力発見（日本人が見落としていた日本の魅力を気づかせてくれる）

（3）文化の融合（ほとんどが酸化アルミニウムの「ルビー」はごく微量のクロムにより輝く）

○地域で活躍している外国人

（1）ロギール・アウテンボーガルト（高知県梼原町・和紙・ミツマタの植林）

(2) 八須ナンシー（Nancy Singleton Hachisu）（発酵）
一飯尾酒造の無農薬米で作る富士酢の紹介（The Japan Times 2015.5.30）
(3) セーラ・カミングス（木桶による酒造りの復活）

○ Professor Giuseppe Pezzotti,51,a materials scientist at Kyoto Institute of Technology,
effortlessly switches from a newspaper interview in English to research collaboration with a colleague in fluent Japanese. Even sartorially, he straddles East and West. While his torso in clad in button-down shirt, khaki pants and lime green sweater, his bare feet are crammed into Japanese zori sandals. This is a man not bound by conventions.

○ 'From a structural point of view, a ruby is basically aluminum oxide containing a few parts per million of chromium. This foreign element is capable of emitting a beautiful light. We foreign residents can similarly be regarded as internationally inserted elements which make the society more beautiful.'

8. 有縁社会

ロゼトの謎（天才！成功する人々の法則マルコム・ブラッドウェル著、勝間和代訳）
ロゼト住民の死因は、老衰だけだった！

○イタリアのローマから南東100マイル離れた町「ロゼト・ヴァンフォーレ」から

米国ペンシルバニア州のロゼトに移住した人たちが作ったコミュニティの持つ驚くべき健康効果

9．交流新時代

平城京の建設以来の都鄙意識（司馬遼太郎）により「暗くて貧しい田舎」から「明るく華やかで豊かな都会」に向かう民族大移動は30年前頃から「都会から田舎への逆流」（ポロロッカ）に変わり、時代は大転換を始めた

What —具体的にはどのように変化してきているか。

Why —なぜこのような変化が生じたのか。

How to —この流れの変化をどのようにして新たな地域活性化につなげていくのか。

○南仏プロヴァンスの12か月（ピーターメイル著）
— 1990年頃から一大ブームに

「ほんとうの生活、生きる歓びとは？」

オリーヴが繁り、ラヴェンダーが薫る豊かな自然。多彩な料理とワインに恵まれた食文化。素朴で個性均な人びととの交流。ロンドンを引き払い、南仏に移り住んだ元広告マンがつづる至福の体験。イギリス紀行文学賞受賞の珠玉のエッセイ。英米で100万部の大ベストセラー。BBCでTV化！（本の帯より）

「羨ましい南仏プロヴァンスの生活－こんな暮らしがあれば、
ほかにはなにも要らない」エッセイスト玉村豊男

石造りの農家、オリーブの古木、葡萄畑。南仏プロヴァンスに移り住んだイギリス人の、ユーモアいっぱいの「人間の楽園」からの報告。がっしりと土地に根を張って、日々の生活を最大限に愉しみながら生きている魅力あふれる人々のありさまが、一種の懐しさと憧れを抱かせる。それにしても、プロヴァンスはなんと素晴らしい食べものとうまい酒と愉快な時間とに満ちているのだろう。こんな暮らしがあれば、ほかにはなにも要らない。（本の帯よりタイトルはウエブ・マスター）

○トスカーナの休日― 2003年に映画化

予期せぬ離婚で深く傷ついた女性が新天地で身も心も癒やされていくコメディ・ドラマ。世界的ベストセラー『イタリア・トスカーナの休日』を映画化。旅先のトスカーナに魅了された女流作家の心の再生を豊かな情景と共に描く。監督は「写真家の女たち」のオードリー・ウェルズ。主演は「運命の女」のダイアン・レイン。

サンフランシスコの女性作家フランシス。夫と幸せに暮らしていたはずが、ある日突然夫の浮気が発覚、離婚へと至ってしまう。ショックを引きずる彼女に、友だちはイタリア・トスカーナ地方への旅行を勧める。こうしてひとときの休息のつもりで現地へとやって来たフランシスだったが、間もなくトスカーナのゆったりとした雰囲気に惹き込まれていく。そして、彼女はその道中で見つけたある一軒家に運命の出会いを感じ、衝動買いしてしまうのだった。彼女は、地元の人たちの助けも借りながら、その倒壊しそうなほど古い家屋の修復に夢中になっていく…。

新しい流通が切り拓く農業の潜在可能性

（1）　道の駅

ア　多様化する機能

（1）　道の駅には誕生日がある。1993 年 4 月 22 日である。発足当初はトイレ（休憩）と電話（通信）が主要な機能だったが、その後道の駅の活動は地域情報の発信基地、防災機能等様々な分野に広がっている。萩市の「シーマート」の発展に大活躍した中澤さかな氏は道の駅の役割を次のように整理している。

ア　基本機能（休憩（トイレ）＋通信（電話）+ 防災拠点）
イ　地産地消の拠点
ウ　地域産品の情報発信
エ　「食」の観光拠点
オ　地域情報発信拠点
カ　食育の拠点
キ　地域資源ブランド化

イ　地域活性化の中核施設

道の駅は市町村主導の地域の各分野が集結した複合施設となっており、まさに地域活性化の拠点となっている。

ウ　広がる連携

道の駅は今や全国で 1,000 を超え、商品の相互融通、情報交換等様々な連携が広がっている。

(2)　農産物直売所

(1) 農産物直売所の売り場としての特性と使命（ミッション）から直売所の潜在可能性を考える。

ア　商品でなく人が移動する農産物直売所のメリット―新鮮・完熟、手作り加工品、毎日何回も配送可能―枝葉付き「枝豆」、葉付き「しょうが」、もぎたて「トウモロコシ」、泥付きネギ、葉付き大根 etc.

イ　商品が長距離移動するスーパー等で困難になること―規格品以外の品揃え、鮮度、価格、地球温暖化防止―農産物直売所は、新鮮、フードマイレージの削減等

ウ　大量流通で起こる限界―生産から販売までのサイクルが長くなることで、完熟のトマト等の流通困難、平等匿名の流通になりがちで、個々の生産者の努力が実現困難、少量多品種の品揃え困難―農産物直売所は完熟、多様な品揃え、顔の見える流通等

エ　立地条件で起こる限界―農産物直売所は加工施設、レストラン等の複合化が容易（資金調達の問題あり）、農業体験も可能、廃棄物処理が容易

オ　消費者参加型で起こるメリット―消費者ニーズに即応可能、価格安定、環境保全

カ　コミュニティビジネス（交流＋物販＋環境）で起こるメリット―地域農業との直結で小規模農家の持続可能、農業以外のビジネスに貢献、若手の人材育成

キ　利潤追求に純化することで起こる限界―農産物直売所には設立当初から地域を守ろうという理念を共有―食育、地元貢献、学校給食との連携

ク　旬を活かす―旬には３段階がある。生産の集中による値崩れを

防ぐためには「走り」→「盛り」→「名残り」毎に売り方を工夫する必要がある。また、旬の食材の加工品の優れた点を具体的に伝える必要がある。

（2）女性・高齢者や新たな地域農業等の活動拠点

都市化、グローバル化等により機械化、単作化等が急速に進み、地域の農業の姿は大きく変わったが、地産地消の拠点である農産物直売所の出現は地域の新しい流れを創りつつある。市場出荷が困難であった小規模農家が作る多様な野菜等の農産物や手作り加工品等が農産物直売所で売られるようになり、農産物直売所は女性や高齢者の活動を支え、また学校給食や地域のレストラン、消費者等の連携が進み、農業を核とする地域活性化の拠点となりつつある。

（3）将来方向

農産物直売所はこの約30年間、消費者の圧倒的な支持を得て順調に発展してきたが、農産物直売所間のみならず、他の小売店との競争が激化し、安売り競争も見られるなど農産物直売所を巡る環境は厳しさを増している。加えてほとんどを手数料収入に依存するビジネスモデルの限界も指摘されてきている。しかし、消費者の強い人気を得ている農産物直売所の潜在可能性は依然として大きく、情勢変化に即応した新たな視点から今後の発展を図っていく必要がある。将来方向は次のとおりと考えられる。

ア　垂直型

農産物の直売だけでなく、加工施設、レストラン等を併設した複合的なサービスを提供する。

イ　水平型

学校給食、レストラン等地域の様々な施設等と連携する。また、農業体験、イベント等のほか食育等地域貢献型の諸活動を行う。また、品揃え、情報交換等を円滑に行えるようにするため、農産物直売所間のネットワーク化を図る。

ウ　消費者参加型

農産物直売所は新鮮・完熟等の野菜、生産者の顔が見えるなど「食の安心・安全」、環境に優しい売り場等として消費者の強い支持を得て発展してきたが、今後さらに消費者とのコミュニケーションの強化を図るなどにより、消費者との連携を密にし、消費者が求めるものを絶えず模索、実行する消費者参加型の農産物直売所の創造を図る。特に、米国のCSAや「アリスのおいしい革命」に見られるように、地球を気づかう人たちは地産地消、オーガニック等に強い思い入りがあり、その拠点としての農産物直売所の役割が期待されている。

以上のように未来形の農産物直売所の基本形は上記の３タイプが考えられるが、現実にはこれらの多様な混合型の農産物直売所が多数出現するものと考えられる。

(3)　ネットショッピング

○インターネット力の「ＳＷＯＴ分析」

1　強み（Strengths）

（1）店舗なしで販売可能―在宅で購買可能
（2）需要の小さな高額付加価値商品（マーケットシェア1%）の販売可能―近くの店で買えないものが手に入る
（3）店舗販売の補完（農産物直売所）―農産物直売所に行かなくても入手可能
（4）商品にバーコードを付け、携帯やスマートフォンで読み取る。キーワード検索で情報入手（ニッコリーナの「ちょ芋」）
（5）商品のラベルでは困難な商品の価値の伝達
（6）ビッグデータの活用で、消費者は自分好みの商品の購買可能
（7）旅についてはGPS利用のスマートフォン等で農家レストラン等の情報が入手可能

2　弱み（Weaknesses）

（1）ホームページの作成が生産者個人では困難な場合が多い
（2）生産者個人のホームページは消費者のアクセスが困難で、売上げを確保できない
（3）代金回収のリスク

3　機会（Opportunities）

技術革新による利便性の向上、高齢化等に伴う需要増、脅威（Threats）は実物を見て買いたいという消費者の増加、地産地消の高

まり等による需要減

なお、ネットショッピングについては、今後どのくらい拡大するのか、方法、内容等はどのように変化するのか。農業や地域の発展にどのようにつなげていくかなどについての詳細な検討が必要であると考えられる。

○消費者選択の時代

(1) 購買行動の変化—量から質
(2) 女性の社会参加—調理や買い物の時間短縮
(3) 社会構造の変化—３世帯→核家族・単独世帯
(4) 生活革命—長距離通勤、様々な会合、レジャー、ドライブ、旅、おしゃれ
(5) ライフスタイルの変化—LOHAS、デュアルライフ、田舎への移住
(6) 高齢化社会の到来

消費者選択の時代の到来に伴い、「売り方」、「買い方」さらに「食べ方」が多様化するなど大きく変化しており、これが新しい農業の形を創る推進力となっている。なぜこのような変化が生じたのか、その変化の要因とトレンドの分析が必要となっている。

第１ステージ（1980年代から本格化）消費者ニーズの変化—「量から質へ」—「フレッシュ」、「デリシャス」、「ヘルシー」、「本物」、「ふるさと」

第２ステージ（1990年代から〃）生活革命―世帯の縮小化、女性の社会参加、生活の多様化（長距離通勤、出張、モータリゼーションの進展に伴うノマド的生活（ドライブ、レジャー、旅等）、大型で高機能の冷蔵庫やグレードアップした調理器具、高齢化―中食、道の駅、農産物直売所、駅弁、駅ナカ、デパ地下、セット商品、ワンストップショッピング、まとめ買い、冷凍食品

第３ステージ（21世紀〃）消費者の意識変化ー「食の安心・安全」、「地球を守る」志向から新たなライフスタイルの創造へ（LOHAS）―ローカル、オーガニック、顔の見える流通、トレイサビリティ、フードマイレージ

◯売り方革命

（1）売り場がスーパー、デパート、コンビニ、道の駅、農産物直売所、マルシェ、アンテナショップ、イベントにおける販売、ネットショッピング、通信販売、テレビショッピング、ゲームによる販売等多様化している。グローバルな品揃えをメインとするとスーパー、デパート等とローカルな道の駅、農産物直売所等に２極化しているが、最近前者についてもローカル志向が顕著になってきており、新しい農業の形の創造の推進力は多くの売り場で大きくなっている傾向が見られる。

（2）ワンストップショッピング

消費者は利便性から当然のことながら買い物は一回で済ませたいという強い要求がある。また、食の場合メニューに必要な食材を一度に買いたいという欲求がある。例えばカレーライスの場合、ジャガイモ、ニンジンとタマネギは必須で、同時に買えれば便利である。さらにこ

れらの野菜がセットで買えればさらに便利である。農産物直売所の場合地元で採れない野菜は仕入れで品揃えをしている場合が多い。

(3) おもてなし―きれいで機能的で快適な「トイレ」

買い物がスムーズに、しかも快適にできれば、消費者満足は高まる。食材の買いやすさだけでなく、店の清潔さ、カラフルな美しさなど消費者が求めるものは多く、最近特に接客の仕方などの「おもてなし」で重要になっているのが商品の説明等である。また、農産物直売所では清潔で機能性に富んだ「トイレ」が人気になっている。

(4) 消費者の調理支援

最近家庭内の調理が復活する動きが出ている。より自然の味を楽しみたい、出来合いの物を買うより割安だとか、理由は様々であるが、簡単においしく調理できる各種の優れた技術の調理器具の開発も大きな理由となっている。

(5) 環境に優しい売り場

レジ袋の有料化等環境に配慮したお店が増えている。

(6) 生産者支援

スーパー、デパート等においても有機野菜、生産者の顔が見える野菜等の売り場が増加している。

(7) 流通ツール(「アナログ」と「デジタル」の結合)

様々な流通ツールが出現しており、「アナログ」と「デジタル」の融合も見られるようになってきている。(包装上のＱＲコード、包装上の表示とモバイルとの結合等)

ア　ポップ―商品説明、食べ方等
イ　シール―生産者の名前や顔写真
ウ　幟旗―消費者への主力商品のアッピール
エ　チラシ―特売

オ　容器・包装―「おしゃれ」、「商品説明」と「環境にやさしい」

カ　ロゴ、キャチコピー、ネーミング、ゆるキャラ、デザイン―
　　ローカル色

キ　語呂合わせで「縁起を担ぐ」売り方― KitKat（きっと勝つ）

(8) 食文化

こだわりの国産野菜を使用したイタリアンレストランが増加傾向にある。最近パスタやピザなどにこだわり野菜を添えてセールスポイントにしているイタリアンレストランが増えてきている。

(9) コンビニで野菜を販売

最近野菜を売るコンビニが増加している。

(10) 買物難民

山間部での買い物難民に移動車による販売を行う小売業者が出てきている。

○買い方革命

(1) まとめ買い

夫婦共稼ぎ世帯の増加、冷蔵庫の普及・大型化、自家用車の普及等により消費者の購買行動は大きく変化し、近くの商店街の小売店からその都度買うことから郊外の大型店でまとめ買いをするトレンドが強まっている。特に最近、冷凍食品の普及、割安な大きな単位で買物し数人でシェアするという新たな動きも見られる。

(2) 購買単位の少量化

世帯の縮小化、個食化等の変化により購買単位は少量化してきている。小袋での販売、カットしたキャベツ、白菜などの販売等が多くなってきている。

(3) 通勤途上の買物

駅ナカ、駅前などが通勤客の買物で賑わっている。

(4) ドライブで買物

自家用車の普及はドライブによる買物が日常化し、まとめ買いや郊外の農産物直売所等での買物などが増加している。

(5) セット商品志向

調理しやすい食材の販売が人気になっており、キンピラゴボウ用にカットしたニンジンとゴボウのセット、カレー用にタマネギ、ニンジンとジャガイモのセット等のセット商品が増えている。

(6) 本物志向

土づくりや昔ながらの製法による農産物や加工品等の「本物」志向の消費者が増加しつつある。

(7) 食の安心・安全

食の安心・安全に関心を持つ消費者の増加に伴い「トレイサビリティ」、「生産者の顔の見える流通」等が新しい農産物の流通のトレンドとなってきている。

(8) 地球を気づかう人たちの増加―ローカル、オーガニック、LOHAS

地球温暖化の深刻化等に伴い、地球を気づかう人たちが増加し、「ローカル」、「ヘルシー」、「オーガニック」等に対する関心が高まってきている。

(9) 旅の途中の買物―高速道路の上りのサービスエリアの農産物直売所

旅の増加、ふるさと志向の強まり等により旅の途中での買い物が増えてきており、道の駅や農産物直売所、さらに高速道路の上りのサービスエリアの農産物直売所等旅の途中での買物スポットも多様化している。

(10) 高齢化

今後特に注目すべきは急速に進む高齢化で「少量多品種」、「食べやすさ」さらに「味へのこだわり」などの傾向が強まってくるもの考えられる。

(11) 買物難民

買物が困難な人たちに代わって買い物を代行するビジネスが出てきている。

○食べ方革命

(1) 立ち食い

通勤の遠距離化等による駅で朝食の立ち食い、コンビニでおにぎりやサンドイッチなどの買物が増加している。

(2) 駅弁

列車の旅を楽しむ人々の増加、ふるさと志向の強まり等により、駅弁が人気となっており、それぞれの地域の特色を活かした駅弁等多様化している。

(3) スティックおにぎり

最近スティックおにぎりが作りやすさ、食べやすさ、独特な味の演出等により人気となっており、今後の新しいお米の食べ方として注目されている。

(4) 家庭の調理復活の兆し

最近添加物の少ない食事等へのこだわりや自分で調理することで好みの味を楽しみたいなどの理由から、家庭での調理が復活してきている。クックパッドや各種料理本などの調理支援ツールの充実、機能性の高い調理器具や予約可能など調理家電の進化等はこのような動きを加速させている。

(5) 食べ歩き

都会では予約を取りにくいレストランが増え、このような食を求めて食べ歩きを楽しんでいる人が増加している。

(6) 旅先での食

全国各地での地産地消の高まりから地域の特色を活かしたレストランが増えてきており、フランスのオーベルジュのようにこだわりの食を求めて各地を旅する人も増えてきている。

(7) 高齢化

比較的高額なものでもおいしく健康的なものを食べたいという動き出てきている一方で、やわらかいなど食べやすさを求める傾向も強まってきている。

◯地産都商

(1) マルシェ

農産物直売所は農地の近くで人口が多い都市近郊に集中していて、大都市の中で立地が困難である。それ故に東京には何でもあるけどないのは「新鮮な野菜」と言われるくらい東京で採れたての新鮮野菜を手に入れるのは難しい。そこで登場したのが「マルシェ」。しかし、バルキーな野菜を毎日「マルシェ」で販売するのは困難で、イベント的にしか売れない。ただし、生産者と消費者のコミュニケーションの場としての役割は貴重である。また、マツタケ、自然薯など付加価値の高いものは「マルシェ」の戦略的な商品となり得る。

(2) アンテナショップ

東京には都道府県始め自治体のアンテナショップが数多く設置されており、人気になっている。公設なものがほとんどで各地方のPRの場となっている。最近東京での「空前の野菜ブーム」を反映してか、野菜が売られているアンテナショップも増加してきている。

(3) デパート、スーパー等のこだわりコーナー

最近デパート、スーパー等でオーガニック、自然栽培等こだわりの野菜が生産者の名前入りで売られていることが多くなってきている。

(4) セレクトショップ

東京都世田谷区用賀商店街の「よーがや」は「地域の特産品のセレクトショップ」である。

(5) イベント

東京では様々なイベントが開催されているが、最近新鮮野菜が集客の手段になってきている。

第３章
事例研究

野のススキは風を「見える化」する。
同様に、全国各地の農業の新しい形の
先進事例から農業の「新しい風」が見えてくる。
これらの先進事例を「まねる」ことではなく
「学ぶ」ことが重要であり、
その基本は現場の知恵から学ぶ
人材育成である。

新しい農業の形の創造のポイントを事例に基づき考察する。

1．埼玉県日高市

（株）埼玉種畜牧場（サイボクハム）（垂直型）

農業の新しい形の創造において、先駆的な役割を果たしたのは「サイボクハム」である。特に創始者の笹崎龍雄先生の功績は絶大であり、学ぶべきことが極めて多い。サイボクハムのサクセスストーリーはDNAの最適組合せによる極上の豚肉生産に成功したことから始まった。その後「緑の牧場から食卓へ」をスローガンとした「ミートピア」構想が打ち出され、極上の豚肉はハム・ソーセージに加工され､食品売り場「ミートショップ」で売られる。また、レストランで提供される。

我が国初の本格的な６次産業化であり､次いで「アグリトピア」、さらに「ライフピア」へと発展を遂げ、ついには笹崎先生の究極の目標だった「農業ディズニーランド」の実現につながった。また、地元の農家の育成、地域の発展等に大きく貢献した。周辺の野菜農家は牧場の堆肥で野菜を育て、サイボクハムの「楽農ひろば」で販売、また全国の先進的生産者の米、野菜等も販売され、さらに地元の食品加工業者等に販路を提供した。「絵になる農業」を創ることにも尽力された。

サイボクハムでは全国の花が次々に咲き乱れ、木や石も全国から集められ、さらにドイツのライン川のほとりの古城を模したレストラン、さらに快適な「トイレ」など、まさにサイボクハムは絵のような空間となり、まさに「農業ディズニーランド」となった。さらに、「人づくり」に力を入れ、多くの生産者が笹崎龍雄先生の薫陶を受け、「心友」という会報誌で結ばれた。また、消費者参加型で新しい形の農業の創造のさきがけとなり、サイボクハムは常に消費者の意見を取り入れ、「消費者ニーズを映し出す鏡」となった。

また子どもたちが子豚とふれあう「トントンハウス」も作られた。笹崎先生は造語の天才でもあった。「楽農」、「脳業」など新しい言葉を次々に作られ、農業が知的創造型産業であることを実践した。

サイボクハムには「風見豚」がある。「矢」と「豚の形をした羽」

でできており、矢は常に一定方向を向いており、風見豚の羽は絶えず風を受け動いている。農業には「不易」と「流行」があり、「不変の風」と「絶えず変化し続ける風」の「2つの風」を読むことの重要性を教えているかのようであり、笹崎先生の農業哲学が凝縮している。まさにサイボクハムは農業の新しい風を読み、創られた新しい農業の形を創る知恵の宝庫であり、この長い経験の中で積み重ねられた実践の知恵は、次の世代に農業にチャレンジする勇気と夢を与えることとなり、我が国農業の新たな発展に大きく貢献してきている。

2. 和歌山県田辺市秋津野

「きてら」&「ガルテン」(垂直型)

和歌山県田辺市の秋津野の取組みは、オレンジの自由化による温州ミカンが直面した難局をグリーン・ツーリズム等により打開することから始まった。温州みかんから晩柑へ転換して新たな地平を切り開いたが、まさに「規模の経済」から「範囲の経済」への転換である。クラスター理論の如く「きてら」という農産物直売所、新鮮・完熟の採れたての原料を加工施設、「ガルテン」という農家レストラン「みかん畑」・宿泊施設等の農山漁村コミュニティビジネスとしての発展は秋津野というふるさとに対する強い愛着が大きな原動力となった。

「きてら」(地元方言で「来て下さい」、「俺んち家ジュース」などネーミングも遊び心があってすばらしい。法人形態も「株式会社」を選択し、生産者、地元関係者を中心に出資を募っている。「農村文化や地域特産物を活かした地域づくり」を基本理念とした秋津野の取組みは、さらに一層の地域の持続的な発展を目指して、

「地域づくり学校」の設立に結晶化し、全国的にもモデル的な地域活性化の取組みとして各方面から注目されてきている。

3. 北海道千歳市

花茶（垂直型）

「花茶」は高知県から酪農と畑作の農家に嫁いだ小栗美恵さんが巻き起こしたグリーン・ツーリズムの奇跡で、「露地のイチゴ狩り」から始まったサクセスストーリーである。低温殺菌の生乳のアイスクリームはイチゴ、ブルーベリー、レタス、トマト、黒ごま、ふきのとうなど、地元の旬の味を生かす50種類のアイスクリームが開発されている。また、農場に隣接したレストランではパスタ、ピザのほか、道内の幌加内産のそば、自家産の野菜をふんだんに使い活かしたカレーなどが提供されている。野菜などの小さな売り場もあり、馬路村の「ゆず」の加工品などが売られていて、高知県のアンテナショップの役割も果たしている。

黄色の鮮やかな建物だけでなく、周辺の景観も素晴らしい。障害者も土作りを楽しめる福祉の庭園、さらにヤギなどの動物とのふれあい広場もある。子どもたちの農業体験のほか、地域の人たちと連携したイベント、セミナーなども盛んに行われている。まさに交流が作る農業の新しい形であり、年々進化し、その取組みは地域全体の活性化に多大な貢献をしている。

4. 長崎県大村市

シュシュ（垂直型）

「シュシュ」のドラマは1996年、ビニールハウス内の農産物直売所から始まり、2000年にはブドウ畑の農家レストランがオープンした。このほかジェラート、パンなどの加工施設、料理教室、農業塾、さらに農家民宿との連携等多彩な活動を展開している。農家レストランでは結婚式の披露宴、法事などにも利用されており、まさに地域一体となった人生80年時代に対応した「農山漁村コミュニティビジネス」を展開している。

この全国的にも代表的な成功例となるきっかけは、地元の特産物の果実のフレッシュな果汁により絶品のジェラートを開発したことだった。農産物直売所は「新撰組」で一日に何回も運ばれる採れたての野菜はその名のとおり新鮮そのものである。シュシュの雇用はほとんどが女性でいかんなく「女性パワー」を発揮している。山口社長の名刺には「年中夢求」と書かれていた。まさにシュシュは地域活性化の「希望の星」である。

5．埼玉県さいたま市

ファーム・インさぎやま（水平型）

ファーム・インさぎ山「かあちゃん塾」代表萩原知美（はぎはらさとみ）さんは、江戸時代から続くさいたま市の篤農家で、伝統を引き継ぎながら都心に近い有利性を活かし、グリーン・ツーリズムによる新たな農業の形づくりと地域の活性化に取り組んでいる。まずは体験・交流拠点の整備からさぎやま物語は始まる。第１ステージ「諏訪野」、第２ステージ「農楽里（のらり）」、そして古民家を再生した第３ステージは古民家を萩原家の副業の柿渋等を活用して再生した「久楽里（くらり）」。この３つの拠点が食と農のトライアングルを作り、子どもたちの農作業体験（田植え、稲刈り、野菜の種まき等）、農家レストラン、そして近々開業予定の農家民宿と着実に活動の輪は広がっている。

農村の伝統を引き継ぐことにも力を入れており、農村生活体験（食関係）―味噌づくり、こんにゃくづくり、餅つき等、農村生活体験（生活関係）―草木染め、七夕まつり、竹馬づくり等を地域の人たちと連携して実施している。特に、萩原さんは土づくりにこだわり、旬の味を伝統の技で生かす「彩の国」の究極の「地産地消」の食の提供、さらに地域の食と農を次の世代につなぐことに情熱を注いでいる。

6. 兵庫県篠山市

集落丸山（水平型）

篠山市の集落丸山は2009年当時、古民家の7戸が空家で、そのうちの3戸の古民家の改修が行われ、「そば」と「フレンチ」のスローフードのレストランと高級感のある宿泊施設が整備された。半年で14回ものワークショップが開催されたという。このプロジェクトのリーダーが一般社団法人「NOTE」の代表理事の金野幸雄氏で、卓越した発想力と実行力を兼ね備えた新しい地域活性化の指導者である。古民家の改修はサブリース方式で、一定期間後、所有者の意向により継続使用又は返還されるというもので、所有と経営を分離するという優れたものである。この古民家の再生は単に古民家を改修するというものでなく「古民家」と「食文化」と「生活文化」が一体となった再生で、地区全体の活性化を目指して行われている。

古民家再生の理念、方式等が素晴らしいことから、各分野のクリエイティブな人材が集まっており、古民家の改修には建築家だけでなく「アーティスト」も加わり、さらに「陶芸家」もスローフードの器づくりに参画している。また篠山市の中心街から遠く離れた集落丸山の古民家を起点とした取組みは、篠山市の市街地も含め地域全体に広がってきている。さらに、多くの若者がビジネス、ボランティアなど多様な形で活動している。

体制づくりもすばらしい。古民家の改修から経営を担当する一般社団法人の「NOTE」、古民家周辺の整備等を行う地元の人が作るNPO法人、ツアーを行う「ルート」、レストラン経営等行う「イートイン」などの任意法人など、先駆的な地域活性化を強力に推進する組織づくりを行っている。また、資金調達についても地元の銀行との連携等新たな地域活性化の形づくりにチャレンジしている。集落丸山の取組みは地元の人たちはもとより、全国的に広く共感者が増えてきている。集落丸山地区では既に耕作放棄地が解消されたという。

グローバルとローカルの2つの世界を見据え、グローバル化の中で失われつつある真の「豊かさ」がローカルの中にある。その「豊かさ」の具現化が今後の地方創生のカギとなっていると鋭い洞察力を持つ金野幸雄氏は見抜く。そしてクリエイティブな地域再生を目指す金野幸雄氏は古民家などの真の「豊かさ」を現実化するためのビジネスモデルを多数開発し、篠山市のみならず全国各地で多大な成果を挙げてきており、各方面から新たな切り口からの地域活性化の期待が高まってきている。

7. 岡山県真庭市

バイオマスタウン（水平型）

真庭市は約80％を森林が占めることから、豊富な森林資源を活かした製材業が盛んに行われてきたが、戦後木材の輸入の増加に伴う木材価格の低迷等により、厳しい状況に置かれることとなった。一方1990年頃からエネルギーの制約、地球温暖化の深刻化等の情勢変化により、森林・林業も新たな時代を迎えることとなった。

このような情勢変化に対応するため、1993年に「21世紀の真庭塾（真庭の未来を考える会）」が発足し、その成果として製材に伴う残りはチップ、ペレットなどとして活用することにより、木材等のバイオマスの循環のシステムづくりを目指す「バイオマスタウン」の取組みが始まった。木屑・樹皮は家畜糞尿に加えられて堆肥化、ペレットは農業用ハウスの暖房、また木屑は酪農の飼育管理に使用されるなど農業の活性化にも貢献している

また、製材業についてもグローバル化という厳しい状況の中で地域の豊かな森林資源の有効活用を図るための木材生産から製材など、川上から川下までの地域内の一貫経営が確立され、動脈系

と静脈系の体制の整備が進み、地域全体のバイオマスの循環システムが作られてきている。

さらに製材業は軽量で耐久性などに優れ、高層建物の建築も可能なCLT（Cross Laminated Timber）の本格生産による新たな飛躍の時を迎えている。

また、静脈系については真庭バイオマス発電所が2015年4月から稼働を開始して、環境にやさしい「カーボンニュートラル」な発電というだけでなく、従来活用が困難だった木屑などの廃棄物を、発電所が発電の燃料として約1億円で買い取るという「マイナス」を「プラス」に転換する奇跡が現実化し、バイオマスの循環システムは一段と進化してきている。

また、真庭市は次世代を担う子どもたちの体験学習だけでなく、バイオマスタウンの学びの旅である「バイオマスツアー」などにより、広くバイオマス普及啓発活動に力を入れている。「バイオマスツアー」の昼食の「まにわっぱ弁当」は地産地消の食材尽くしのおいしい弁当で、使われている食材のPRの役割をも果たしている。

里山資本主義で一躍脚光を浴びることとなった真庭市は、さらに「バイオマス産業杜市“真庭”の構築を目指して」をスローガンとして新たなチャレンジを開始しており、真庭市のバイオマスの地域循環による地域活性化はさらに一層の進化を続けている。

8. 埼玉県所沢市

「corot（コロット）」（消費者参加型）

コロットのドラマは埼玉県所沢市の住宅に囲まれた古民家と隣接の約40aの農地の貸農園等の事業から始まった。「corot（コロット）」というネーミングにはオーナーの峯岸さんの特別の思いが込められている。「corot」はフランスが打ち上げた宇宙望遠鏡を搭載した人工衛星の名前で、この衛星が2009年に太陽系外で最も小さな惑星を発見し、世界的に話題になった。これに感動した峯岸さんは小さいけれどキラリと光る、小さいモノを大切にする、誰からも愛される農園でありたいという思いを込めて「corot」という名前を付けたということである。

また「corot」にはコロコロという日本語の連想から、自分がコロコロと回っている間に自分自身が磨かれると同時に、地域の人たちなどと調和して仲良く暮らしていけるという意味も込められているということである。

ここではいろいろなワークショップやイベントが開催されるなど、都市近郊ならではのエキサイティングなドラマが展開されている。埼玉県規制緩和第１号の農家民宿であり、地産地消のイタリアンレストランンの経営も行っている。コロットの活動は農業の限りなき潜在可能性を引き出す果てしなきドラマの実演の如くであり、新しい農業の形の創造のヒントが数多く含まれている。

9. 山梨県山梨市

ホトト（消費者参加型）

とかく「トホホ」になりがちな時代。そこで「トホホ」以外は何でもやることによって、日本を元気にしたいという強い思いから「トホホ」を逆にして「ホトト」を社名にしたという。この言葉には、創始者の水上社長の新しい農業の形の創造に対する熱い思いがこもっていて、特に若い世代に夢を与える「メッセージ」となっている。米国の企業で働き、最新の米国の動きを見てきた水上社長は、週末を田舎で過ごす「retreat」という都会の人たちの田園回帰に注目した。

米国の新しい農業の動きとして、CSA（**C**ommunity **S**upported **A**griculture）が盛んになっているが、「ホトト」は我が国における先駆的な実践として日本版 CSA に取り組んでいる。まず農業の基本の土づくりに力を入れ、「食の安心・安全」で新鮮でおいしい農産物づくりに取り組んでいる。また、全国各地の名人・達人から学び、彼らの知恵や技を引き継ぎ活かすという強い思いから農業の実践に活かし、またこれを次の世代につなぐべく各種の農業研修を行っている。

さらに古民家を改造した農家レストラン「完熟屋」は人気上昇中で、地産地消の「フレッシュ」、「デリシャス」で「ヘルシー」な食材をふんだんに使った極上の味の料理を提供している。「ホトト」で生産された農産物は「ホトト」のファンの消費者が購買するなど、SNSを駆使して、まさに消費者参加型の新しい形の農業を実践している。

10. 鳥取県智頭町

タルマーリー（消費者参加型）

ご夫婦の名前から付けたという「タルマーリー」の自家製の天然酵母を使ったパン作りは、新たな農業のドラマを作り始めている。自然栽培の小麦農家と連携して地元の天然水にもこだわり、まさに究極の地産地消のパン作りにチャレンジしている。千葉県いすみ市から岡山県真庭市、さらに鳥取県智頭町へと移転し、カフェもオープンした。「地域の天然菌×天然水×自然栽培原料」というコンセプトが新しい時代の温故知新の地域活性化のメッセージとなっていて、素晴らしい取組みである。しかも「今ここで、タルマーリーにしかつくれないパンとビール」を目標に原材料だけでなく、エネルギーとして薪を利用し石窯でパンやピザを焼く。智頭の里山の恵みを最大限に活かした加工と、それを楽しむ場をつくることをタルマーリーの理念の集大成と位置付けている。海外でも注目されるなど国際的な広がりも見せている。

ここには食と農に強い思いを持っている多くの消費者の圧倒的な支持と期待がある。まさにタルマーリーは、消費者参加型の地域の持つ無限の力をパンなどに結晶化させることによる「ローカルを活かした加工」の事業を実践しており、ローカルに徹した「新しい農業の形」を創る強力な推進力となっている。タルマーリーの取組みの軌跡には地域の天然菌の発見からのたゆまざる探求心と、それを形にしていく凄さがある。地域の持続的な発展のため、今後のさらなる活躍が期待されている。

（参考文献）

笹崎龍雄『「楽」農文化の時代』ダイヤモンド社、1991 年
　同　　『楽農革命』ビジネス社、1997 年
　同　　『生活革命』ビジネス社、2002 年
中嶋常允『はじめに土あり―健康と美の原点』地湧社、1992 年
　同　　『食べもので若返り、元気で百歳
　　　　　　―生命はミネラルバランス』地湧社、1996 年
J.I ロデール著赤堀香苗原訳『黄金の土』
　　　　　　酪農大学エクステンションセンター、1993 年
宮崎安貞『農業全書』岩波書店、1936 年
佐藤信淵『培養秘録（日本農書全集：第 69 巻）』農山漁村文化協会、1996 年
佐瀬与次右衛門『会津農書』1684 年
アンドリュー・パーカー『眼の誕生―カンブリア紀の大進化の謎を解く』
　　　　　　草思社、2003 年
アーサー・ケストラー著、田中三彦・吉岡佳子訳『ホロン革命』
　　　　　　工作舎、1983 年
マレイ・ゲルマン『クォークとジャガー』草思社、1997 年
ライアン・ワトソン著餌取章男訳『悪食のサル―食性から見た人間像―』
　　　　　　河出書房新社、1980 年
塩見直紀『半農半 X な人生の歩き方 88』遊タイム出版、2007 年
　同　　『半農半 X の種を播く』コモンズ、2007 年
田中満『人気爆発・農産物直売所』ごま書房、2007 年
　同　　『農産物直売所が農業・農村を救う』創森社、2010 年
大澤信一『セミプロ農業が日本を救う
　　―成熟化社会を先導する「農」の新たな役割』東洋経済新報社、2007 年
勝本吉伸『農産物直売所出品者の実践と心得 100』家の光協会、2009 年
　同　　『行列のできる農産物直売所運営の法則 80』家の光協会、2011 年

二木季男『農産物直売所は生き残れるか～転換期の土台強化と新展開～』
創森社、2014 年

金丸弘美『田舎力』NHK 出版、2009 年

同　　『幸福な田舎のつくりかた』学芸出版社、2012 年

同　　『実践！　田舎力』NHK 出版、2013 年

中澤さかな『道の駅「萩しーまーと」が繁盛しているわけ―地産地消の仕事人
道の駅・活性化ビジネスを教えます』合同出版、2012 年

曽根原久司『日本の田舎は宝の山』日本経済新聞出版社、2011 年

藻谷浩介・NHK 広島取材班『里山資本主義―日本経済は「安心の原理」で動く』
角川書店、2013 年

渡邉格『田舎のパン屋が見つけた「腐る経済」』講談社、2013 年

小泉武夫『食に知恵あり』日本経済新聞社、1996 年

内村鑑三『代表的日本人』警醒社書店、1908 年

あとがき

筆者は埼玉県久喜市（旧・菖蒲町）の水田地帯の農村に生まれ育った。終戦直後の農村は大地に刺繍するように多様な作物が四季を通して栽培され、美しい農村風景を作っていた。小川は清流がたゆまず流れ、コイ、ナマズ、ライギョなど多様な生物が生息し、夏の夜にはホタルが舞い幻想的な雰囲気を演出していた。当時農村は貧しかったが、子どもたちの元気な声が溢れ、年寄りの笑顔も絶えないコミュニティが作られていた。

1960 年代から始まった戦後の経済の高度成長により、事態は大きく変わった。特に 1970 代に古き良き農村は急速に変貌し、夕日に映える藁葺き屋根の家、それに寄り添う柿の木で代表される農村の原風景は次々に失われていった。同時に若者は都会に流れ、農業離れが著しく進み、農村は過疎化高齢化していった。都市化、国際化等の動きはすさまじく、地産地消の流通システムが壊れ、全国どこにいっても画一的な「都会の食」一色となっていた。このような変化を胸を引き裂かれる思いで見守っていたのは筆者だけではなかった。

1980 年代に入り「逆バネ」ともいうべき力が働き始め、時代は大きく変わり始めた。1980 代全国各地で「村づくり運動」が盛んとなり、農産物直売所など新たなアグリビジネスが誕生した。この頃から高度成長は終わり、「地球の限界」や「地球温暖化」が懸念されるようになり、近代化の知的基盤であった「還元主義」の限界が提起されてきた。

農業だけではない、まさに時代の大転換期の到来である。

当時筆者は農林水産省から栃木県庁に出向し、栃木県庁で栃木の「むらづくり運動」に取り組んでいたので、このような動きが始まっていることを身近に知ることができた。知の体系、農業、消費者ニーズ等々何もかにもが変わり始めていた。筆者の生活も一変した。農業の現場はもとよりニューサイエンスなどの本を求めて書店へ、またデパート、スーパーなどの食品売り場に足繁く通い、猛烈に食と農の現状を知ろうと格闘する日々が続いた。こうした日々を送っていた時出会ったのがサイボクハム創始者の「笹崎龍雄先生」と土づくりの専門家であり中嶋農法で有名な「中嶋常允（なかしまとどむ）先生」であった。笹崎先生からはこれからの農業哲学について深くて幅広い、しかもしなやかな考え方など多くを学ぶことができた。中嶋先生からは医学と土づくりを結び付けた新たな発想、最先端の計測器具を駆使してのイチゴなどの新たな栽培方法の開発など、微量要素を活かした農業の重要性を学ぶことができた。このほか多くの方々から特に現場の生きた知恵を学ぶことができた。

両先生は残念なことに他界されたが、農業に強い思いを持つ多くの人たちにその実践の知恵が凝縮した教えが広く受け継がれていることは誠に喜ばしい限りである。筆者もその一人であるが、幸いなことに帝京大学で「農業経済」・「農山村」・「流通経済」の授業を受け持つことができ、それまで蓄積してきた農業等の知見を自分なりに整理することできた。そこでこれを一冊の本にまとめることにした。農業は自然に働きかけて、生活の基礎物資である食料を生産する重要な産業であり、知の総合化が不可欠である。農業の全体像を正確に理解することは極めて困難であるが、逆に農業の理解が深まれば深まる程、農業の潜在可能性が見えてくる。このことを教えてくれたのが笹崎、中嶋両先生であり、お二人の今日に至る新たな農業発展における貢献は極めて大きい。両先生の御指導、御功績に心から感謝申し上げたい。

改めて申し上げるまでもなく両先生だけでなく、多くの方々との出会いがあり、いろいろなことをお教えいただいたことに対し心から御礼を申し上げたい。

本書が今後の我が国農業の新たな発展の一助となれば幸いである。

附録 1

Recently more and more foreigners visit Japan.
More importantly many people visiting Japan are interested in Japanese nature,culture especially Japanese food and food culture, “Washoku” .
However few foreigners know the current situation of Japanese agriculture.
Therefore,here is the English version of this book's summary.
I hope more foreigners visit the countryside of Japan to enjoy the local dishes of each region.

The Cambrian Revolution of Japanese Agriculture

-creating various new types of agriculture is expected to lead to the development of rural areas

Preface

Agriculture not only supplies food but also has various kinds of the potential, such as creating beautiful scenery, educating children through experiences, making urban citizens healthy, among others. Agriculture is expected to be a growing business while the circumstances surrounding Japanese agriculture have been rapidly changing due to increasing population, environmentally problems such as global warming and biodiversity, inequality between the rich and poor, the changes of consumers' needs and more and more people worrying about the planet etc. Amid these situations various kinds of people are interested in the potential of agriculture and tackling various kinds of agricultural problems. As a result many new types of agriculture are emerging recently in Japan. It seems that the 21st century can be called "the era of new agricultural revolution" or "the Cambrian revolution of Japanese agriculture" because the changes of Japanese agriculture are much like the Cambrian period revolution when various kinds of creatures had emerged explosively on the earth.
To create new types of agriculture we must firstly focus on the real nature or role of agriculture which brings out the hidden power of nature. This is the never changing aspect of agriculture. As life exists based on homeostasis, life cannot be divided so we need a holistic

approach to understand life correctly.
Secondly we must focus on the changeable aspect of agriculture and consider how to make most use of the power of nature according to the changes of the age.
As farming is conducted in nature it requires natural science. However as urbanization and globalization also affect Japanese agriculture we need the efficiency of food distribution to adapt to consumers' needs. Therefore as we need to focus on both aspects, the unchangeable and changeable to create new types of agriculture, various kinds of academic fields such as physics, chemistry, biology, economics, sociology and so on are required to create new types of agriculture.
That is the reason why agriculture is often called "a creative industry" .
Moreover though reductionism, which has been the basic method of especially natural science, has limits which stem from the emergent properties of complex systems. "New intellectual infrastructure" is required for sustainable agriculture. I think it is the main driving force which creates new types of agriculture.
Urbanization has been accelerated transferring produce from villages to cities.
Recently consumers tend to be not only interested in selecting each commodity but also in how to organize their lives by the combination of various kinds of commodities including food in order to make a higher quality of life. That is to say that now consumers no longer live in the "river" but in the "sea (consumers' lives)" . Now agriculture is required to cope with these changes of consumers' needs. That means that agriculture should be linked up with the "sea" where consumers live.

Rural areas are in a difficult situation because of depopulation, aging population, lack of successors etc. However recently there is a trend that younger people tend to visit countryside. Moreover rural areas for farming also have been changing. In the rural areas many kinds of activities other than agriculture have been done recently due to urbanization and motorization. That means that rural areas changing from "river" to "lake (rural areas)" . That means that agriculture should be adapted to "lake" where farming is conducted.
What connects "lake" with "sea" is "roads" or "bridges" . Tracks bring food from villages to cities through roads. Also this food distribution has been changing due to newly emerged farmers' markets, information communication technology, among others. That means that agriculture should deal with the changes of food distribution.
I think that these things mentioned above have been a driving force to create new types of agriculture.
Therefore we need to analyze the new trend surrounding Japanese agriculture from the 360° approach, especially from three viewpoints, 'the changes of agriculture' , 'rural areas' ,' food distribution' should be taken into a consideration to understand the new trend correctly.
The aim of this book is that to analyze the new trend on a case by case basis and then study how to accelerate the trend resulting in sustainable and characteristic development of rural areas in Japan.

Summary

Recently various new types of agriculture have been emerging.
Firstly, we must examine the current situation surrounding Japanese agriculture.
Secondly we should analyze the driving forces of creating new types of agriculture.
Finally we find out issues on creating new types of agriculture and try to tackle these problems in order to develop a sustainable agriculture resulting in the development of the whole region. We must always keep in mind "Think globally, Act locally" to tackle the issues on agriculture and local areas.

1.Japanese agriculture is expected to grow in the future.

The current situation concerning Japanese agriculture is decreasing farmers, aging population and lack of successors, among others. However the prospect of agriculture is going to turn more important because of increasing demand of food globally due to the increase in world population. In addition extreme bad weather driven by climate change caused by global warming makes the food supply more unstable.
On the other hand recently many people focus on the potential of agriculture other than food production, such as creating beautiful scenery, educating children, making people healthier etc.
Therefore agriculture is expect to grow in the future.

2.What types of agriculture are emerging?

Various kinds of farming are emerging such as organic farming, farming by using cutting edge technology especially ICT, the Japanese version of CSR (Community Supported Agriculture), farming based on farmers' markets, combination of farming, processing and shopping, export- oriented farming just to name a few.

3.What are the driving forces to create new types of agriculture?

(1)We need to analyze the driving forces from all aspects of agriculture, namely globally, nationally and locally.
(2)We also need to consider the driving forces from 3 points, namely "agriculture" , "village" and "distribution " .
(3)There are many driving forces as follows.

A Sustainability
The changes from conventional to organic farming. Between them various kinds of farming will be done. The point is how to make a good soil for sustainability.

B Technology
The farming is changing from being based on "seat of the pants technology " to "cutting-edge technology" .
The point is more efficient farming is required. More importantly we must adapt to climate change due to global warming.

GPS will be used to help deal with climate change.
Greenhouses which control temperature, moisture, sunlight and so on will be utilized.
Robots which cultivate, sow, harvest etc. will be available.
Biotechnology is expected to improve farming. Although consumers worry about the safety of genetically modified foods.

C The changes of consumers' needs
Consumers tend to choose "fresh", "delicious", "healthy" produce recently.
Thanks to the advancement of women and the increase of small-sized households, "meal replacement", "meal solutions" have been increasing.
As more and more consumers are concerned about food safety, organic food has been increasing.

D Farmers' market
The number of consumers who tend to want to buy fresh locally produced vegetables, farmers' markets has been increasing. The farmers have an advantage of selling their fresh produce to consumers directly through farmers' markets. And farmers' markets are eco-friendly because of short food millage.

E The increase of interchange between cities and villages
The countryside is getting more and more attractive for urban people because of lack of nature, and stress in their daily lives, among others.
You can enjoy the beautiful scenery of four seasons, delicious local

dishes, history and culture, interaction with local people.
Therefore the interchange between cities and village has been increasing which leads new agribusiness such as farmers' market, farmers' restaurant, local accommodation etc.

F Net shopping

The farmers can sell their produce directly to consumers instead of "brick and mortar shops".

G New agribusiness

The new type of agribusiness is emerging recently. The combination of farming, processing and direct selling is the main concept of this agribusiness that is called the 6th industry in Japan.

H New lifestyle like "LOHAS (Lifestyle Of Health And Sustainability)"

The number of people who worry about the planet is increasing. They tend to buy organic vegetables. The number of food shops in big cities focusing on organic produce has been increasing.

I The revival of traditional vegetables

As "locally produced and consumed" is getting more and more popular among consumers, local traditional vegetables are revaluated. Therefore such vegetables are revived in local areas around Japan.

J Food and culture

In 2013 "Washoku", traditional Japanese cuisine was registered as an intangible cultural heritage by UNESCO. It will attract more foreign tourists and boost exports of Japanese agricultural products.

4. The classification of new types of agriculture

The main new types of agriculture are "vertical integration", "horizontal integration" and "the Japanese version of CSA(Community Supported Agriculture)" .

(1)Vertical integration

Vertical integration means the combination of farming, processing and direct selling.

(For example)

"Saibokuhamu"

"Saibokuhamu" is located at the Hidaka city of Saitama Prefecture. It was originally a stock farm breeding pigs. It succeeded in making delicious pork by mixing DNA. Then it started a new project called "Meatpia" based on consumers aiming to sell pork or processed pork such as sausage and ham to consumers directly. In order to realize this plan it opened a meat shop and restaurant. Moreover it also opened a farmers' market. Farmers near "Saibokuhamu" use manure made by the stock farm of "Saibokuhamu" sell their vegetables at the farmers' market. At the same time farmers around Japan who once learned at "Saibokuhamu" sell their rice, vegetables etc, there. "Saibokuhamu" is representative of a new type of agriculture especially the vertical integration of farming, food processing and selling. The late Mr Tatsuo

Sasazaki, the founder and former president of "Saibokuhamu" focused on fostering young farmers.

(2)Horizontal integration

Horizontal integration means farmers focus on not only food production but also educating children by allowing them to experience agriculture, farm rental and other events.

(For example)
"Farm-in Sagiyama"

"Farm-in Sagiyama" is located at the Saitama city of Saitama prefecture. The farm has a long history of farming since the Edo era. The owner of this farm, Mrs. Satomi Hagihara makes efforts to produce a high quality of rice and vegetables by making a good soil. And she also focuses on educating children on her farm. Not only children but also employees of companies experience planting and harvesting rice. She refurbished old traditional houses for agricultural activities, a farmers' restaurant and so on. She is now preparing local accommodation by using the refurbished house. She is also good at making the local traditional dishes and sweets. Her main goal is creating ways to maintain agriculture and hand it down to posterity.

(3)The Japanese version of CSA(Community Supported Agriculture)
In Japan more and more consumers are getting interested in agriculture and starting to support farmers.

(For example)
"Corot"
"Corot" is located at the Tokorozawa city of Saitama Prefecture. Though "Corot" is very near to Tokyo and in the middle of the Tokorozawa city surrounded by houses it consists of an old traditional house, agricultural land and woods. More importantly a 900 hundred year old "Keyaki tree" stands by the house. "Corot" also has "Goemonburo (an iron kettle-shaped bathtub)" , "Irori (a type of traditional sunken hearth common in Japan)" , "the light from a lamp covered with "Minowashi(a type of traditional Japanese paper)"" which are surely attractive to urban people. The owner of "Corot" , Mr. Minegishi runs various kinds of business such as agricultural activities, renting land. local accommodation, workshops, events, among others. Recently he opened an Italian restaurant by using locally produced vegetables near his house. Urban people especially young Tokyoites, joining the workshops, events etc. have been increasing. Mr. Minegishi communicates with them through SNS especially Facebook. "Corot" is very popular among urban people and they enthusiastically support Mr. Minegishi.

5 How to create new types of agriculture

Main points for creating new types of agriculture are as follows.

(1)You should have three points of views, "local", "urban" and "global".
(2) You need various kinds of academics such as physics, chemistry, biology, economics, psychology, sociology and so on. (a

multidisciplinary approach)
(3) A body such as a learning community is needed.
(4) Continued efforts to improve farming are necessary. Especially giving people the chance to watch how crops grow and take care of them is indispensable.
(5) Drawing the power of nature to grow plants well is indispensable. Therefore various kinds of farming from conventional to organic farming will be done according to the consumers' needs. The point is how to make a good soil for sustainability.
(6) Farming should be changed from farming based on "seat of the pants technology" to "cutting-edge technology" .
(7) The new ways of selling such as farmers' markets, net shopping other than brick-and-mortar shop are necessary to create new types of agriculture.
(8) To foster various kinds of young people who play different role to create new types of agriculture is necessary.

6 The prospect of Japanese agriculture

The diversity of Japanese agriculture is the key to protect and develop nature, food and culture. As the countryside of Japan is experiencing difficulties such as depopulation, aging, lack of successors etc. new emerging new types of agriculture is good news. And recently young people are interested in agriculture. We hope it will lead to encourage to develop local areas throughout Japan.

(The fundamental structure of Japan)

The land of Japan is mountainous as can be seen from the fact rivers flow like falls. The annual rainfall in Japan is high. Furthermore it rains intensively at the time of rainy and typhoon seasons.

So at all times, preventing the land from erosion has been at the top of our agenda.

Thus the fundamental structure of land as shaped by humans and agriculture evolving between forecast, paddy field, and sea has a long history.

Japan is surrounded by sea. The current from the south (KUROSHIO) and the north (OYASHIO) bring us various marine products.

Thus Japan's food and culture has been created by the best mix of various products from forests, paddy fields and the sea, with rice as a staple food.

In Japan, our food and culture are made by nature which beautifully changes throughout the four seasons, and benefits from affluent water resources and climate that is suited for fermentation.

This is expressed very colorfully in the philosophy of "SAN-PUU" (literally three winds in Japanese), "FUU-DO" (climate and geography), "FUU-KEI" (scenery), "FUU-MI" (flavor). The basic form is "ITIJYUU-SANSAI" (one soup and three entrees; a dish of fresh, uncooked and a simmered dish), and "RAW" , "AMINO ACID" , "WATER" ; these are key words of our food and culture.

附録 2

三風（風土・風景・風味）

食は既に 1970 年代に胃という物理的限界を感じ ,1980 年代は食のゼロサムゲームからの脱却を目指し、可処分所得の増加分が質とサービスへと向かい、更に 1990 年代に入り、食がエンターテイメントの主役であることが明確になり、食についての消費者ニーズは質とサービスとエンターテイメントを求め、食は新たな時代を迎えつつある。

また一方、食と消費者との接点が本来的に素材ではなく、素材の組合せとしての料理品であることから、単独世帯や女性の社会参加の増加等の状況の下で、中食マーケットが拡大しつつある。更に消費者ニーズの変化を具体的に見ると、個食化・簡便化という流れの中で、本物・おいしさ・健康・美しさ・楽しさ・コミュニケーション等を求める傾向を強め、自然・ふるさと志向も高まっている。

このような食をめぐる情勢の変化はさまざまであるが、新たな変化の根底には食がそれ自体自然が生み出す「いのち」そのものであり、それが自然や人の有り様に直接的に係わるものであるとの認識の深まりがあるように思われる。そこで、このような観点にも注目しつつ、最近の食をめぐる新たな動きについて考えてみたい。

1.「いのち」は人工的には作れない

近年、科学技術は目覚ましく発展し、さまざまな商品を生み出し、生活の利便性・快適性は著しく向上した。しかしながら、「いのち」については、このような科学技術をもってしても細胞ひとつとして人工的に作ることはできず、自然しか「いのち」を生み出すことはできない。

最近の科学的知見によれば、「いのち」は自己組織化、自己創出、更に最近では、オートポイエーシスと言われるように、自ら発現するものであり、人はそれを促進することができるに過ぎないこと、ホメオスタシスという自己の恒常性を維持するメカニズムが働くこと、「いのち」は全体（ホールネス）であり、分節化できないこと、さまざまな情報の流れによって「いのち」は変化する一方で、恒常性を維持していること、開放系において作られた動的秩序（散逸構造）であること等が明らかになりつつある。

このことは、「いのち」そのものである食の今後のビジネスを考える上での新たな切り口となるものと思われる。食をホールネスという観点から土づくりから食文化まで一貫してとらえることによって、食のビジネスの新たな発展が期待できるものと考えられる。

2. 食を通して世界が見える

食の働きは、人の体を作る、エネルギー・生きる知恵・楽しさを与えるなど多様であり、最近、ミクロ・マクロの視野の拡大に伴い、ビタミンのほか、ミネラルの働きが注目されるなど健康への関心が高まっている。また、食は心に感動を与え、コミュニケーションを促進して心のふれあいを深め、更に食は国土保全にもつながっているなどの認識が深まってきている。このように食は、「体」・「心」・「自然」等に係わるものであり、これらすべてを視野に入れて食をとらえる必要があると思われる。更に、東洋医学では、天地人は気の流れを通じてひとつのつながりをなし、人は両親から与えられた「先天の気」と食から与えられる「後天の気」により生きるとされ、医食同源ということで健康づくりにおいて食が重視されている。今後、東西両文明の融合により食の新たな世界観が作られていくのではないかと考えられる。

（1）身体を養う

ア．物質代謝

人体の構成を見ると、Ｈ（水素）・Ｏ（酸素）・Ｃ（炭素）・Ｎ（窒素）で約 96 ～ 97% を占め、これら主要元素は水と空気の素材元素であり、人体は水と空気からできていると言っても過言ではない。このほか、準主要元素であるＣａ・Ｐ・Ｓ・Ｎａ・Ｃｌ・Ｋ・Ｍｇで約 3%、更に微量元素であるＦｅ・Ｚｎ・Ｃｕ・Ｍｎ・Ｃｏ・Ｆ・Ｍｏなどで約 0.02% を占めていると言われている。

これらの元素は食を通して摂取され、人体を形作っているが、絶えず置き換わりつつ、人体を維持している。人体が散逸構造と言われる所以である。また、準主要元素や微量元素については、むしろ体の働きを調節していることが明らかになりつつある。

イ．エネルギー代謝

生命の活動は、生体エネルギーであるＡＴＰ（アデノシン三リン酸）により行われており、これはすべての生物の共通のエネルギーであり、物理的・化学的エネルギーとは異なるものである。このエネルギーは食から得られる。ブドウ糖がクエン酸サイクルでクエン酸→イソクエン酸→オキザロコハク酸→α－ケトグルタル酸→コハク酸と変化し、オキザロコハク酸からα－ケトグルタル酸になるとき（Ｃ６Ｈ６Ｏ７→Ｃ５Ｈ６Ｏ５十ＣＯ２)、また，α－ケトグルタル酸からコハク酸になるとき、それぞれ炭素がひとつ離れて酸素と結合して炭酸ガスとなり、このとき細胞内のミトコンドリアでＡＴＰが合成される。

この場合、20 種類の酵素が関与し、これらの酵素には鉄・マンガン・亜鉛・銅・マグネシウム等が係わっていると言われている。

ウ . 情報代謝

生命を維持していくため、食を摂取した時、これを分解して吸収・同化しなければならないが、そのためには加水分解酵素である澱粉分解酵素（アミラーゼ→唾液）・蛋白質分解酵素（ペプシン→胃液）・脂肪分解酵素（リパーゼ→膵液）が必要である。

この場合、アミラーゼ・ペプシンについてはカルシウム、リパーゼについては亜鉛が酵素の活性基として働いている。

前述のＡＴＰが作られる時、即ちアデノシン→イノシン→ヒポキサンチン→キサンチン→尿酸と変化する時、イノシン→ヒポキサンチン、ヒポキサンチン→キサンチンのプロセスにおいて活性酸素が発生すると言われている。これを即座に消却しているのが、ＳＯＤ（スーパーオキサイド・デスムターゼ）とＧＰＯ（グルタチオン・パーオキシターゼ）である。

ＳＯＤは活性基として亜鉛・銅・マンガンが、ＧＰＯはセレンが活性基として必要と言われている。また、ビタミンＣ（水溶性）・ビタミンＥ（脂溶性）が活性酸素を消却している。食は生体調節、免疫、抗体産生、抗酸化、神経伝達等の各機能により生命を支えている。

(2) 心を養う

食の消費者ニーズが質・サービス・エンターテイメントに向かうに伴い、食は、「生きるために食べる」ことから「食を楽しむ」ことへと変化し、食と人との関係は、「食と体」から「食と心」へと転換しつつある。

食と消費者との接点が「心」となると、いかに感動を呼び起こし、「顧客満足（CUSTOMER SATISFACTION）」を極大化するかが重要なポイントとなる。また、心理学者マズローが述べているように、「心」は、「生理的欲求」→「安全の欲求」→「所属と愛の欲求」→「承認の欲求」

→「自己実現」へと、次々に欲求の階段を昇る如く、方向性をもって変身し､食はこだわりの「個食化」へと向かう。更に､食を通じて家族･友人・地域のふれあいが深まり、心がリフレッシュする。

また、食に遊を求める人が増え、食文化創造の原動力ともなる。このように、食は個々人の心の満足から家族や地域の心のふれあい、更に食文化の創造までの広がりを持ち、この傾向は今後強まっていくものと思われる。

(3) 国土保全

我が国の国土は ,「川が滝のように流れる」と言われるように、地形が急峻である上に、年間降雨量は世界最高レベルであり、しかも梅雨という長雨や台風による豪雨等が周期的に襲うということで、いかに国土をエロージョンから守るかが重要な課題であり、このため、森林─棚田・水田・畑等─藻場という国土の基本構造が歴史的に形成されてきた。そして、我が国の食文化は、三風（風土・風景・風味）を基本理念として、三界（山・大地・海）から生み出される多様な産物の米を主食とする最適組合せにより国土と一体をなして創造されてきた。

3. はじめに土あり

食が人という「いのち」の複雑で、多様性に満ちた世界をいかに作り、維持しているかを見てきたが、食の物語は土から始まる。土にはその生成の歴史がある。その歴史はビッグバンに遡る。ビッグバンの後、星や銀河が誕生し、星の内部でさまざまな元素が作られ、星のうちのあるものは、超新星となって大爆発を起こし、その無数の断片が寄せ集められて約 46 億年前に地球が誕生する。そして、約 35 億年前に原始の海の中で生命が生まれる。その後、藻類が放出した酸素によりオゾン層が形成され、紫外線が吸収されて弱まると生命の上陸が始まる。藻類から鮮苔類への進化、水辺に集まる微生物や小動物の増加等により、これらの死骸が積もり重なって大地を単なる岩場から栄養塩豊かな土壌圏へと作りかえていったと言われる。太陽系の中で地球にだけ土壌圏は存在する。土から植物が生育し、動物は植物に依存し、エコシステムが形成され、動植物の死骸である有機物は微生物により分解されて土に戻り、そこから再び植物が育ち、リサイクルが確保される。これの駆動力は太陽エネルギーであり、土が唯一の太陽エネルギーの貯金箱と言われる所以である。我が国の歴史をみると、人口が少なかった時代には、人口に比して農地が豊富にあり、「無為天成」により農業が可能であった。しかし、人口が増加すると、機物を微生物の力を借りて無機物に分解の上再投入することが必要となり、農業は言わば「有為天成」に転換する。そこで、江戸時代に農学が盛んとなるが、これを集大成した人物が佐藤信淵である。

科学精神に満ちた彼は農業を地図・気候・土性など総合的な観点から考えるが、彼の土づくりの基本哲学はいろいろな投入物の組合せによる相乗効果であった。また、江戸時代には土づくりにおける森林の役割が重要視され、植林が盛んに行われた。このように、江戸時代にはトータルな観点からリサイクルシステムが構築された。

そして、近年、家畜の糞尿や生ゴミ等の増加に伴い、リサイクルについての関心が高まる中で、微生物が作る団粒構造がPhを一定に保ったり、保水力を増すこと、また、ミネラルについても、植物の生育等に重要な働きをしていることなどにも配慮し、物理性、化学性、生物性のトータルの観点から把えた土づくりの取り組みも見られる状況となっている。

更に、高性能のプラントにおいて糞尿や生ゴミ等の有機廃棄物による腐植土づくりが行われてきている。

4. 三風（風土・風景・風味）

土からさまざまな農産物が生産されるが、いかに理想的な土であっても、そこから生産されるものは、食にとっての素材である。これは、ガイア仮説のラブロックが述べているように、生物の多様性が地球の恒常性を維持していることによるものと思われ、自然の成立ちの基本的なルールと考えられる。

したがって、食は土から素材が生産され、それを組み合わせて料理品にしないと消費できないという不変の特性を持つ。言い換えれば、生産から販売まで流れるさまざまな農産物という「タテ糸」に調理などの「ヨコ糸」を通して織物にしないと消費できない。食には土のホールネスのほかに素材の組合せによって作られる食文化というもうひとつのホールネスの世界があるわけである。

糸と人との接点がアパレルであることのアナロジーで考えれば、食も織物からホールネスとしてのアパレルによって食べるという方向が考えられ、このことが、食文化の創造という道筋を作っているものと思われる。我が国においても長い歴史の積み重ねの中で固有の食文化が創造されてきた。

我が国の食文化の特色は「水」と「アミノ酸」、更には「生（ナマ）」と言われるが、和食は何時の時代からか語り継がれてきた三風（風土・風景・風味）という言葉がよく似合う。しかも、三風は、サイエンス（科学）・アート（芸術）・ネイチャー（自然）などいろいろな角度からトータルに食をとらえる切り口を与えており、健康で豊かな新たな「食の世界」が模索されている中で、今後の食文化の基本コンセプトを考える上での示唆を与えるということで注目されてきていると思われる。

（1）風土

東洋思想で「身土不二」と言われるように、それぞれの国や地域が自国等で生産された食物を上手に組み合わせて食べるということは、食文化の基本であり、洋の東西を問わない普遍性を持っていると考えられる。

我が国の場合は、山と大地と海からの多様な産物に恵まれ、箸や食器など木の文化も食文化と一体をなして発展してきている。春夏秋冬の季節感にあふれた旬のものにも恵まれている。風土には、空間軸だけでなく、長い歴史の中でその地で生産されたものを食べるという環境との相互作用により、その環境に適応しつつ体が作られてきたという時間軸もある。

（2）風景

味わう前に食の美しさを楽しむということで、食の風景づくりが我が国の食文化の重要な特色となっている。この風景づくりは、紅白を基本として、五色（黒・白・赤・黄・青）、ゲーテ流に言えば光（白）と闇（黒）が出会って色彩が生まれ、その三原色が赤・黄・青というわけである。そして、五行色体表によれば、この五色が五臓六腑と相関関係にあり、赤は「心」、白は「肺」、黄は「脾」、青は「肝」、黒は「腎」と関係しており、五色の食により五臓六腑がバランスよく健康に保たれるというわけである。懐石料理・寿司・スキヤキなど代表的な和食は、この五色を基本として美しい風景を作っている。

寿司に卵焼き、スキヤキに生卵が使われているのは、恐らくこれらによって黄色を演出し五色による風景づくりを完成させるための色合せのためと思われる。五色の中で特に紅白についてのこだわりがあり、牛肉の霜降り、マグロのトロは高い価格帯で販売されている。ま

著者紹介　齋藤 章一

略歴

埼玉県久喜市（旧・菖蒲町）出身

東大法学部卒業後農林水産省入省。関東農政局長を最後に退官。

元帝京大学経済学部教授。

現在埼玉県グリーン・ツーリズム推進協議会会長。

農業カンブリア革命

2016年7月25日初版第一刷発行

著　者　齋藤章一

発行者　山本 正史

印　刷　恵友印刷株式会社

発行所　まつやま書房

〒355-0017 埼玉県東松山市松葉町3-2-5

Tel 0493-22-4162Fax 0493-22-4460

郵便振替 00190-3-70394

HP：http://www.matsuyama-syobou.com

ISBN 978-4-89623-103-1 C0061